倪问池　张　旭◎著

海洋立管分岔特性与振动数值预报方法

河海大学出版社

图书在版编目(CIP)数据

海洋立管涡激振动分岔特性与数值预报方法 / 倪问池,张旭著. -- 南京:河海大学出版社,2021.12
ISBN 978-7-5630-6615-5

Ⅰ.①海… Ⅱ.①倪… ②张… Ⅲ.①海上平台—油管柱—疲劳寿命—预报—方法 Ⅳ.①TE973.9

中国版本图书馆 CIP 数据核字(2021)第 139705 号

书　　名	海洋立管涡激振动分岔特性与数值预报方法	
	HAIYANG LIGUAN WOJIZHENDONG FENCHA TEXING YU SHUZHI YUBAO FANGFA	
书　　号	ISBN 978-7-5630-6615-5	
责任编辑	张心怡	
责任校对	金　怡	
封面设计	张世立	
出版发行	河海大学出版社	
地　　址	南京市西康路 1 号(邮编:210098)	
电　　话	(025)83737852(总编室)　　(025)83786934(编辑室)　　(025)83722833(营销部)	
经　　销	江苏省新华发行集团有限公司	
排　　版	南京布克文化发展有限公司	
印　　刷	广东虎彩云印刷有限公司	
开　　本	700 毫米×1000 毫米　1/16	
印　　张	9.25	
字　　数	163 千字	
版　　次	2021 年 12 月第 1 版	
印　　次	2021 年 12 月第 1 次印刷	
定　　价	46.00 元	

目　录

第1章　绪论 ··· 001

1.1　目的和意义 ·· 001

1.2　国内外研究现状 ·· 003

  1.2.1　雷诺数响应分支 ··· 003

  1.2.2　质量比影响 ··· 007

  1.2.3　模型试验法 ··· 008

  1.2.4　经验模型法 ··· 009

  1.2.5　数值模拟法 ··· 010

1.3　本书主要工作 ·· 011

第2章　涡激振动基本理论 ··· 013

2.1　边界层 ·· 013

2.2　边界层分离 ·· 014

2.3　旋涡脱落的阶段 ·· 015

2.4　锁定现象 ·· 016

2.5　尾涡模式 ·· 016

2.6　涡激振动常用参数 ·· 019

2.7　本章小结 ·· 022

第3章　基于OpenFoam的大涡模拟并行计算策略优化 ············· 023

3.1　大涡模拟湍流模型 ·· 024

  3.1.1　脉动的过滤 ··· 024

　　　3.1.2　大涡模拟的控制方程 ·· 024

　　　3.1.3　亚格子模型 ·· 025

　　3.2　圆柱绕流网格模型 ··· 028

　　　3.2.1　网格模型与边界条件 ·· 028

　　　3.2.2　网格划分 ·· 029

　　3.3　圆柱绕流并行计算模型 ··· 030

　　　3.3.1　并行计算测评参数 ··· 030

　　　3.3.2　并行计算子计算域划分方式 ····································· 031

　　3.4　圆柱绕流并行计算结果分析 ·· 032

　　　3.4.1　子计算域数量对计算结果的影响 ······························ 033

　　　3.4.2　子计算域划分方式对计算结果的影响 ·························· 035

　　3.5　本章小结 ·· 037

第 4 章　基于 OpenFoam 的大涡模拟最适展向网格数及三维效应分析

　　 ·· 039

　　4.1　圆柱绕流计算工况 ··· 040

　　4.2　圆柱绕流计算结果分析 ··· 040

　　　4.2.1　圆柱绕流阻力系数 ··· 041

　　　4.2.2　圆柱绕流升力系数 ··· 042

　　　4.2.3　圆柱绕流升力系数 St 数 ·· 043

　　　4.2.4　圆柱绕流升力、阻力系数历时曲线 ···························· 044

　　　4.2.5　圆柱绕流尾涡形态 ··· 047

　　4.3　涡激振动大涡模拟 ··· 048

　　　4.3.1　涡激振动网格模型 ··· 049

　　　4.3.2　涡激振动最大振幅响应 ·· 050

　　　4.3.3　涡激振动频率响应 ··· 052

　　　4.3.4　涡激振动轨迹响应 ··· 053

　　　4.3.5　数值模拟消耗时间 ··· 054

　　4.4　本章小结 ·· 055

第 5 章　剪应力输运湍流模型湍动能生成项的修正 ················ 057

　5.1　标准 SST 湍流模型 ·································· 058

　　5.1.1　流体控制方程 ································ 058

　　5.1.2　标准 SST 湍流模型表达式 ···················· 061

　5.2　湍动能修正 SST 湍流模型 ·························· 062

　　5.2.1　湍动能的修正方法 ···························· 062

　　5.2.2　改进模型表达式 ······························ 064

　5.3　圆柱绕流算例验证 ································ 064

　　5.3.1　圆柱绕流网格模型 ···························· 064

　　5.3.2　流场参数离散方法 ···························· 065

　　5.3.3　圆柱绕流计算结果及分析 ···················· 066

　5.4　涡激振动算例验证 ································ 073

　　5.4.1　结构控制方程 ································ 073

　　5.4.2　数值模拟参数 ································ 074

　　5.4.3　涡激振动网格模型 ···························· 074

　　5.4.4　涡激振动计算结果及分析 ···················· 075

　5.5　本章小结 ·· 081

第 6 章　基于 OpenFoam 的迟滞与分离点扰动下的涡激振动分岔特性数值分析 ·································· 083

　6.1　数值模拟工况 ···································· 084

　6.2　迟滞特性分析 ···································· 085

　　6.2.1　最大振幅响应 ································ 085

　　6.2.2　频率响应 ···································· 086

　　6.2.3　升力、阻力系数历时曲线 ···················· 087

　　6.2.4　轨迹响应 ···································· 090

　　6.2.5　临界加速度 ·································· 091

　6.3　分离点扰动下的涡激振动分岔特性分析 ·············· 093

　　6.3.1　位移扰动的施加方式 ·························· 093

　　6.3.2　加速工况扰动响应 ···························· 094

6.3.3　减速工况扰动响应 ⋯⋯⋯⋯⋯⋯⋯⋯⋯⋯⋯⋯ 098

6.4　位移扰动涡量图分析 ⋯⋯⋯⋯⋯⋯⋯⋯⋯⋯⋯⋯ 103

6.4.1　加速工况位移扰动涡量图 ⋯⋯⋯⋯⋯⋯⋯⋯ 103

6.4.2　减速工况位移扰动涡量图 ⋯⋯⋯⋯⋯⋯⋯⋯ 107

6.5　本章小结 ⋯⋯⋯⋯⋯⋯⋯⋯⋯⋯⋯⋯⋯⋯⋯⋯ 109

第 7 章　阻尼比的影响与安全系数修正法研究 ⋯⋯⋯ 111

7.1　数值模拟工况 ⋯⋯⋯⋯⋯⋯⋯⋯⋯⋯⋯⋯⋯⋯ 112

7.2　迟滞特性分析 ⋯⋯⋯⋯⋯⋯⋯⋯⋯⋯⋯⋯⋯⋯ 112

7.2.1　最大振幅响应 ⋯⋯⋯⋯⋯⋯⋯⋯⋯⋯⋯⋯ 112

7.2.2　频率响应 ⋯⋯⋯⋯⋯⋯⋯⋯⋯⋯⋯⋯⋯⋯ 114

7.2.3　升力、阻力系数历时曲线 ⋯⋯⋯⋯⋯⋯⋯ 115

7.3　分离点扰动下的涡激振动分岔特性分析 ⋯⋯⋯ 118

7.3.1　加速工况扰动响应 ⋯⋯⋯⋯⋯⋯⋯⋯⋯⋯ 119

7.3.2　减速工况扰动响应 ⋯⋯⋯⋯⋯⋯⋯⋯⋯⋯ 120

7.4　分离点扰动分岔特性综合分析 ⋯⋯⋯⋯⋯⋯⋯ 122

7.5　安全系数修正法 ⋯⋯⋯⋯⋯⋯⋯⋯⋯⋯⋯⋯⋯ 124

7.5.1　安全系数的计算 ⋯⋯⋯⋯⋯⋯⋯⋯⋯⋯⋯ 124

7.5.2　最大振幅响应的安全系数修正法 ⋯⋯⋯⋯ 126

7.6　本章小结 ⋯⋯⋯⋯⋯⋯⋯⋯⋯⋯⋯⋯⋯⋯⋯⋯ 127

第 8 章　结论 ⋯⋯⋯⋯⋯⋯⋯⋯⋯⋯⋯⋯⋯⋯⋯⋯⋯ 129

参考文献 ⋯⋯⋯⋯⋯⋯⋯⋯⋯⋯⋯⋯⋯⋯⋯⋯⋯⋯ 132

第1章
绪 论

1.1　目的和意义

随着陆上油气资源的日益枯竭[1],海洋工程的发展日益受到各国的关注,中国作为海洋大国,对于海洋工程的发展一直给予高度重视。2017年8月31日,由工业和信息化部电子科学技术委员会、天津市科学技术委员会、天津市滨海新区人民政府主办的海洋信息系统高峰论坛在天津召开,工业和信息化部原副部长罗文建议,推进实施智慧海洋工程,预示着国家将会进一步推进海洋工程的发展。

根据英国的道格拉斯数据显示,全球石油的开采情况为:2004年,海上石油开采量占34%,陆上石油开采量占66%;到2015年,海上石油开采量占39%,陆上石油开采量占61%。全球天然气开采情况为:2004年,海上天然气开采量占28%,陆上天然气开采量占72%;到2015年,海上天然气开采量占34%,陆上天然气开采量占66%[2]。此外,海洋油气开采的水深也逐年增加。Sapkaya(2004)[3]通过对过去55年海洋油气开采数据的研究,发现海洋油气开采的水深 h 随着年份 N 的变化趋势可用关系式 $h \approx (1/540)N^{35}$ 表示,其中, h 代表水深, N 代表以1949为基点的之后的年份。以墨西哥湾油气开采数据为例,截至1990年,只有大约4%的石油和1%的天然气的开采来自深海区;到了2003年,深海区域的石油与天然气的开采量已经达到了60%和29%[4]。由此可见,世界范围内的油气开发有从陆地到海洋、从浅海到深海的趋势[5]。

当水深超过300 m后,传统的固定式平台(Fixed Platform)已无满足油气开采的需求,此时的油气开采一般使用浮式平台。浮式平台主要包括浮式生产储油卸油船(Floating Production Storage and Offloading)、半潜式平台(Semi-Floating Production Facility)、张力腿平台(Tension Leg Platform)和柱式平台(Spar)等(见图 1.1)。无论对于哪种浮式平台,立管都是不可缺少的重要设备,且随着开采水深的增加,其重要性更加突出。立管的作用是连接海底资源与海面平台,主要进行信息传递、导液、导泥与钻探等工作[6]。立管是整个平台系统最薄弱又最重要的环节之一,其一旦发生事故,将影响到整个系统的正常运行,同时造成原油泄漏等重大损失。因此,立管的安全性一直是设计者们关注的重点问题。在流载荷的作用下,立管会发生涡激振动(Vortex-induced Vibration)。涡激振动是海洋及建筑工程中一种常见的流固耦合现象。从机理上分析:当黏性流体流过立管,并且雷诺数大于 150 左右时,流体的边界层会在立管后方发生分离,随即在立管的后方出现周期性的涡泄。伴随着漩涡的产生与脱落,立管会受到周期性的升力与阻力的作用,进而在对应的方向发生振动。若流致振动频率接近立管的振动固有频率,在"共振"的作用下,立管的振幅将大大增强,造成疲劳甚至直接的结构破坏。

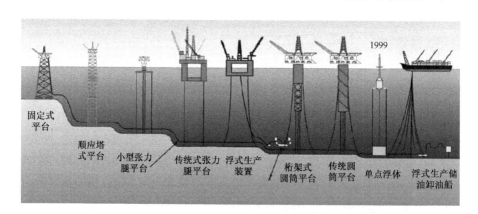

图 1.1 深水平台种类

在海洋工程中,立管基本都为圆柱形,并且质量相对较小(属于低质量阻尼比),对低质量阻尼比圆柱的涡激振动特性进行研究,是研究立管涡激振动的基础性工作。当前,对圆柱涡激振动响应进行预报主要有三种方法,即模型试验法、数值模拟法以及经验模型法。在这三种方法中,模型试验法最为准确。然而,模型试验法需要专业的实验设备与场地,成本高、花费大,且操作复杂,难以广泛应用。经验模型法的形式较为简洁,求解效率较高,能够在很短的时间内预报出涡激振动的主要特性。但经验模型中引入了大量的假设,其精度与适用范围受到很大的制约。数值模拟法的基本思路为:求解 NS (Navier-Stokes)方程,得到黏性流体对结构的作用力,然后将求得的流体力代入结构的振动方程,求得结构的位移,之后再将结构位移反馈到流场中,并计算流体力,重复迭代进行流固耦合计算[7]。数值模拟法是当前研究涡激振动最常用的方法,但对于涡激振动这类周期性分离流场的计算,现有的数值模拟方法都存在一定的缺陷,容易导致其最大振幅的预测结果偏小,使得参照该预报结果设计的实际结构存在安全隐患。例如,雷诺平均法具有较快的计算速度,但它将湍流应力进行平均化处理,并且在方程组的封闭过程中引入了过多的假设,使其不可能对所有流场都具有适应性;直接计算法精度较高,但计算速度缓慢,计算量大,当前难以应用到工程实际中[8]。

由此可见,当前对于立管涡激振动的预报,还没有一个可以应用到工程上的准确又实用的方法。本书的目的便是提出一个能应用于工程实际的,兼顾精度与效率的涡激振动振幅与频率响应预测方法,以期为之后的研究者提供新的研究思路,为我国海洋工程中立管的设计提供技术支持。

1.2 国内外研究现状

当前,已有大量国内外学者通过不同的研究方法,对圆柱以及立管的涡激振动进行了研究,对涡激振动的整体响应规律已经有了一定的总结。

1.2.1 雷诺数响应分支

雷诺数是涡激振动中最重要的参数之一,在不同的雷诺数范围内,涡激振动会呈现出不同的特征。通常情况下,根据雷诺数的不同,可以将涡激振动的响应分为三类,分别为低雷诺数[$Re=O(10)\sim O(10^3)$]响应、中等雷诺数[$Re=O(10^3)\sim O(10^4)$]响应和高雷诺数[$Re=O(10^4)\sim O(10^6)$]响应。由于涡激振动响应不仅受到雷诺数的影响,还受一些其他因素的影响,比如质量比和阻尼比等。因此对于低雷诺数、中等雷诺数和高雷诺数并没有很明确的界限,只能给出大致的范围。

1.2.1.1 低雷诺数响应

低雷诺数圆柱涡激振动响应如图 1.2 所示。此时响应有两个分支,分别为初始分支(initial branch)和下端分支(lower branch),其中最大振幅出现在下端分支上。初始分支和下端分支对应的尾涡模态分别为 2S 和 C(2S)模式。C(2S)模式与 2S 模式相似,但 C(2S)模式的涡在尾流中会发生合并。

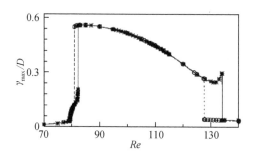

图 1.2　低雷诺数时响应分支

在初始分支与下端分支之间和下端分支与非同步区域之间存在迟滞,如图 1.2 所示。对质量比 $m^* = 10$ 的双自由度涡激振动开展研究后发现,当阻流比 B=5%($B=D/H,D$ 为圆柱体直径,H 为计算域宽度)时,同步区域的较低雷诺数处(初始分支与上端分支之间)和较高雷诺数处(下端分支与非同步区域之间)均出现了迟滞现象,如图 1.3 所示。较低雷诺数端的迟滞环宽度随阻流比减小而减小,当阻流比 $B<2.5\%$ 时,迟滞消失。无论阻流比多大,较高雷诺数端的迟滞均存在,而且迟滞区域宽度随阻流比的减小而增加。通过对影响初始分支与下端分支之间迟滞的因素进行研究,发现存在一个临界质量比 $m^*_{crit} = 10.11$。当质量比 $m^* < m^*_{crit}$ 时,存在临界阻流比 B_{crit},即当阻流比 B 在这个临界值之下时,迟滞现象消失;当质量比 $m^* > m^*_{crit}$ 时,不存在临界阻流比 B_{crit},即使阻流比趋向于零,迟滞现象也会发生。临界阻流比 B_{crit} 随质量比 m^* 的变化而变化。当 $m^*<4$ 时,B_{crit} 随 m^* 的减小而减小;当 $m^*>4$ 时,B_{crit} 随 m^* 的增大而减小。Klamo[9]认为下端分支与非同步区域的迟滞现象是由低雷诺数效应引起的,迟滞区域的大小取决于系统阻尼的大小,增加阻尼会减小迟滞区域的宽度。此外,和两自由度振动相比,单自由度振动有更大的迟滞区域宽度。

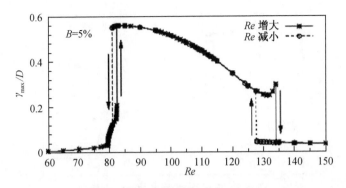

图 1.3　横流向最大振幅随雷诺数的变化情况

1.2.1.2　中等雷诺数响应

在中等雷诺数条件下,根据质量-阻尼参数 $m^*\xi$ 的不同,涡激振动系统会出现两种不同的响应,如图 1.4 和图 1.5 所示。当 $m^*\xi$ 较大时(图 1.4),涡激振动的响应只有两个分支,分别对应为初始分支和下端分支,其中最大振幅出现在初始分支上。当 $m^*\xi$ 较小时(图 1.5),会出现三个响应分支,分别为初始分支、上端分支(upper branch)和下端分支,其中最大振幅出现在上端分支上。同步区域的大小主要取决于质量比 m^* 的大小。振幅峰值的大小则主要取决于质量阻尼比 $m^*\xi$ 的大小。

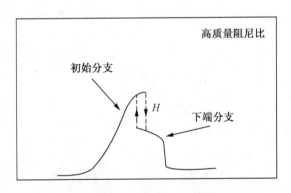

图 1.4　高质量-阻尼参数时响应分支

从图中可以看出,无论是低 $m^*\xi$ 还是高 $m^*\xi$,圆柱涡激振动的响应分支之间都存在跳跃现象。高 $m^*\xi$ 参数的情况下,跳跃发生在初始分支与下端分支之间,并且尾涡模式发生变化,由流体力和振动振幅之间的非线性关系引起。低 $m^*\xi$ 参数的情况下,跳跃分别发生在初始分支与上端分支、上端分支与下端分

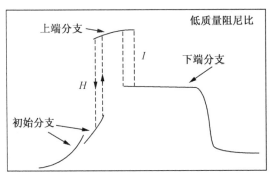

图1.5　低质量-阻尼参数时响应分支

支之间,上端分支与下端分支的尾涡模式不发生变化,响应在上端分支与下端分支之间频繁切换,升力与位移之间相位角在0°和180°之间反复跳跃,如图1.5所示。Klamo[9]分析了阻尼比对响应分支的影响。随着阻尼的增加,初始分支到上端分支的跳跃被延迟,像是上端分支被"侵蚀"了一样,其宽度逐渐减小;上端分支与下端分支相遇在固定的折合流速处,并且独立于阻尼。

1.2.1.3　高雷诺数响应

高雷诺数条件下的涡激振动与低雷诺数和中等雷诺数有很大的不同。高雷诺数涡激振动的尾涡在初始分支就进入2P模式。涡激振动的下端分支消失,取而代之的是延长的上端分支。高雷诺数涡激振动响应如图1.6所示,

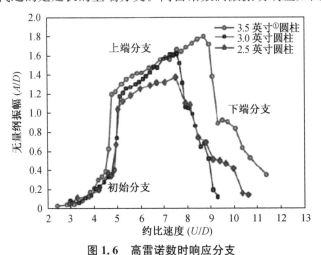

图1.6　高雷诺数时响应分支

①英寸:英美制长度单位,1英寸≈2.54 cm。

此时响应分支包括初始分支和上端分支,下端分支几乎不可分辨。初始分支和上端分支对应的尾流模态均为 2P 模式,初始分支和上端分支之间的迟滞现象不明显。在一些情况下(如直径为 3.5 英寸时),圆柱响应存在下端分支。与中等雷诺数条件下的下端分支相比,高雷诺数条件下的下端分支范围明显减小。高雷诺数时,上端分支的同步范围随着雷诺数的增加而增大,上端分支内的响应振幅随雷诺数的增加而增大。

1.2.2　质量比影响

除了雷诺数之外,质量比 m^* 也是影响涡激振动的重要参数。随着 m^* 的减小,圆柱将会在更大的折合流速范围内产生更大振幅的振动。此外,质量比 m^* 对圆柱顺流向振动也有明显的影响。

当圆柱体的脱涡频率与结构物的自然频率相互接近时,结构响应会发生锁定,或称同步,即在一定的流速范围内,圆柱体的振动频率接近其自然频率,脱涡频率也转移到此频率上,共振发生。当 m^* 较大时,共振的无量纲频率 f^* 在 1.0 附近,即振动频率等于自然频率。当质量比较小时,共振时的 f^* 不再处于 1.0 附近,而是在大于 1.0 的某个范围内,只有质量比 m^* 在 $O(100)$ 的量级上时,锁定频率才在整个锁定区间上近似等于其结构固有频率,如图 1.7 所示。随着质量比 m^* 下降到 $O(1)$ 的量级,锁定区域的宽度显著增加,并且 m^* 越小,锁定区间上限对应的锁定频率越高。当质量比 m^* 下降到 0.6 附近时,按固有频率规定的锁定区间上界以及相应的锁定频率将趋于无穷。Khalak 和 Williamson[10]认为存在一个临界质量比 $m^*_{crit} = 0.54$,当 $m^* < m^*_{crit}$ 时,圆柱振动响应在经历初始分支后,将一直处于上端分支,锁定区间的宽度为无穷大。

涡激振动的顺流向振幅一般远小于横流向振幅,所以不管是模型实验还是数值模拟,绝大多数的涡激振动研究都会限制顺流向振动。但随着 m^* 的减小,顺流向振动对涡激振动的影响变得越来越明显,当 m^* 处在某个临界值以下时,圆柱体涡激振动响应会发生明显的变化。在 $m^* \geqslant 6$ 时,顺流向自激振动对圆柱体的响应与尾涡结构几乎没有影响,可以不予考虑。但是当 $m^* < 6$ 时,则必须要考虑顺流向振动对涡激振动响应的影响。黄智勇等利用 RANS 求解器结合 $SSTk$-ω 湍流模型对低质量比弹性支撑圆柱体的涡激振

动进行了数值模拟,其模拟参数与 Jauvtis 和 Williamson[13] 模型实验的相同。发现当 m^* 低于 3.5 时,两自由度的圆柱体涡激振动比单自由度能产生更大的横向振幅,两自由度的圆柱横流向响应会出现超上端分支,对应的尾涡为 2T 模态。

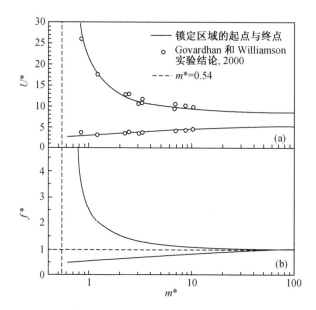

图 1.7 锁定区域以及相应的频率比随质量比的变化

对于涡激振动的研究方法,主要可以分为模型试验法、数值模拟法以及经验模型法,不同的方法具有不同的特点及适用性。

1.2.3 模型试验法

模型试验法最为准确,是用于研究涡激振动特性与机理的最可靠的方法。开展模型试验的主要目的也正在于此。

Feng[11]对水中高质量比与阻尼比的圆柱涡激振动迟滞现象进行了试验研究。分析了在三种入流形式下,圆柱的响应特性:(a)入流速度恒定;(b)入流速度逐渐增大;(c)入流速度逐渐减小。实验结果表明:涡激振动锁定区间为 $5 \leqslant Ur \leqslant 7$,且当采用(b)、(c)两种入流形式时,在最大振幅附近的速度区间中,可以观察到"迟滞现象"。

Khalark 和 Williamson[10]研究了弹性支撑的小质量阻尼比($m^* \xi$)圆柱

涡激振动响应特性,发现其响应曲线出现三个分支,即初始分支、上端分支与下端分支。并在初始分支与上端分支以及上端分支与下端分支之间观察到了迟滞现象。

Govardhan[12]重点探究了质量比对涡激振动响应规律的影响。该实验最大的成果是提出了临界质量比 $m^* = 0.54$。当圆柱质量比小于临界质量比时,随着入流速度的增大,圆柱的振动响应将一直处于上端分支,并且频率响应一直处于锁定状态。

Jauvti 与 Willianson[13]对 $m^* = 2.6$ 与 $m^* = 7$ 的圆柱分别进行了单自由度(只有横流向自由度)与双自由度涡激振动模型试验。实验发现,对于高质量比圆柱 $(m^* = 7)$,单自由度与双自由度的涡激振动响应特性差别不大。但对于低质量比圆柱 $(m^* = 2.6)$,双自由度情况下,横流向最大振幅约为 $1.5D$,而在单自由度的情况下,横向最大振幅只有 $1D$ 左右,差异显著。此外,在双自由度圆柱的最大振幅附近,Willianson 还观察到了新的尾流形式,并将其命名为 2T 模式尾涡。

Sanchis 等[14]分别对高质量阻尼比与低质量阻尼比圆柱体进行涡激振动试验研究,发现低质量阻尼比圆柱的响应存在初始分支、上端分支与下端分支,而高质量阻尼比圆柱只存在初始与下端两个分支。同时,还发现了在初始分支区域,圆柱的振动频率与约化速度成线性的关系,即斯特劳哈尔关系。

Kang 等[15]开展了不同横流向与顺流向固有频率比的圆柱双自由度涡激振动模型试验,发现频率比对圆柱的振幅与轨迹会产生显著影响。

1.2.4 经验模型法

在工程领域,设计者往往只关心最大振幅、振动频率等一些简单的参数,对于流场的细节没有过高的需求。能快速预报涡激振动振幅与频率响应特性的经验模型备受青睐。当前使用较多的经验模型一般都是建立在范德波尔(Van der Pol)方程的基础上。

根据涡激振动自激自限的特性,Bishop 等[16]首先提出了采用自激自限的范德波尔方程来对涡激振动中的升力项进行模拟。随后,Hartlen 等[17]对 Bishop 等提出的模型进行了改进,将圆柱结构的振动速度与范德波尔方程进行耦合,提出了最早的尾流振子模型。随后,一些学者对尾流振子模型进行了改进,如 Griffin[18]、Farshidianfar[19] 等。尾流振子模型也逐渐成为当今用于预报圆柱在均匀流中涡激振动的最经典模型。

其他的经验模型也有被提出,如 Sarpkaya[20] 将涡激振动中的升力分解为惯性力和阻尼力两种形式,并将其代入结构振动方程中,提出了一种"力分解模型"。Goswami[21] 将流体升力表示为一个和圆柱的速度、位移、加速度等相关的函数形式,用以模拟升力。虽然这些模型各有优势,但尾流振子模型依然是当前使用最广的经验模型。为了提升经验模型的精度,不少学者尝试对其进行相应的改进。如 Stappenbelt 等[22] 进行了在小阻尼比条件下,不同质量比的圆柱涡激振动试验,重点研究了最大振幅与质量比的变化规律,并根据其实验结果,对经典尾流振子中的阻尼系数项进行了改进。

然而,经验模型之所以能实现快速预报,是因为其中引入了诸多假设,这也必将导致其适用范围的受限。并且在经验模型中,许多参数是通过将实验数据拟合而得到的,对于涡激振动来说,某些初始条件的改变,会使响应特性变得截然不同。因此,想要提出一个有较强普适性的涡激振动经验模型,几乎是不可能的。

1.2.5 数值模拟法

数值模拟法是当前研究涡激振动时最常用的方法。但由于受到计算精度与效率的制约,用数值模拟法来研究涡激振动机理的课题相对较少(除了少数用直接计算法或者大涡模拟法计算较小雷诺数条件下的绕流或涡激振动,以对其流场特性进行研究,例如文献[23-25]),大多数有关涡激振动数值模拟研究的主要目的还是验证数值模拟方法的准确性。尽管有不少人声称采用经典的数值模拟法得到了满意的数值模拟结果,但由于数值模拟的结果还会受到诸多因素的影响,在某些算例上的成功,并不能证明经典的数值模拟方法已经能精确、高效地模拟涡激振动。不少学者在研究中发现,数值模拟法在计算涡激振动时存在问题,问题主要集中在雷诺平均法上。

Celik 和 Shaffer[26] 用标准 $k-\varepsilon$ 模型计算了圆柱绕流稳定阶段的响应,其数值模拟结果与实验数据差异较大。Franke[27] 用 $k-\varepsilon$ 涡黏性模型模拟了雷诺数为 22 000 的方柱的涡脱落流动。他发现涡旋脱落最终被抑制,从而获得了稳态解。Atlar 等[28] 分别用四种经典的基于 RANS 的湍流模型对圆柱绕流进行计算,发现用 SST 湍流模型得到的结果与实验值最接近,但仍然有一定的偏差。Pan 等[29]和 Sanchis 等[14]分别用 SST 湍流模型对低质量阻尼比圆柱进行了数值模拟,他们获得的数值模拟结果未能成功捕获上端分支,与实验结果不符。

Medic[30]指出,标准雷诺平均湍流模型的封闭方程的耗散项,在预测非定常分离流时存在缺陷,因而在计算中会产生误差,并抑制数值模拟中的涡旋脱落过程。

大涡模拟法与直接计算法的计算精度相对较高。如 Liang 等[31]运用 LES 方法对亚临界雷诺数条件下圆柱的绕流模型进行了数值计算,发现 LES 方法得出的结果与试验值数据较为吻合;万德成等[32]运用大涡模拟对不同长细比的圆柱绕流模型进行了数值模拟,结果与实验数据吻合度较高。但受到计算效率的制约,大涡模拟与直接计算法在当前仍然难以被应用到工程实际中。

通过上述研究现状可以看出,在工程常用的涡激振动预报方法中:模型试验法的可信度较高,一般用于研究涡激振动的机理与规律,但受限于场地、设备及经费等因素;经验模型法计算速度快,但是由于该方法基于太多的假设,其计算结果的可信度较低;数值模拟法介于两者之间,是相对较为合理的方法。但在当前运用数值模拟法模拟圆柱涡激振动,仍然难以兼顾精度与效率,主要存在的问题包括:三维(大涡模拟法)模型计算精度较高,但计算速度过慢,难以应用于实际工程中;二维(雷诺平均法)模型计算速度较快,但精度难以满足要求。因此,一个兼顾效率与精度的方法有待被提出。

1.3　本书主要工作

在实际工程中,针对圆柱结构涡激振动的雷诺平均数值模拟预报方法存在缺陷,可能会导致其最大振幅的预测结果偏小,使得参照该预报结果设计的实际结构存在安全隐患。本书的研究目标是对工程中圆柱结构涡激振动响应的数值模拟预报方法进行改进,从而提高数值模拟方法的效率或精度。具体工作为,针对涡激振动的数值模拟中存在的问题[三维(大涡模拟法)模型的计算精度较高,但计算速度过慢,难以应用于实际工程,二维(雷诺平均法)模型的计算速度较快,但精度难以满足要求],提出一个兼顾效率与精度的方法。总体思路为,用数值方法研究二维与三维圆柱涡激振动之间的差异与关联,并基于此提出"安全系数修正法",对二维圆柱涡激振动的振幅响应曲线进行修正,使其接近三维模型的精度。

研究方法主要分为 4 步:

(1) 运用大涡模拟法对三维圆柱绕流以及涡激振动工况进行数值模拟计算,并将计算结果与二维模型的计算结果进行对比,研究三维效应的具体表现形式。

(2) 运用雷诺平均法对二维圆柱涡激振动模型进行计算与分析,重点考察三维效应的缺失对计算结果产生的影响。

(3) 对涡激振动分岔特性进行研究,并通过人为施加流场扰动,从一定程度上考察三维效应是否有可能改变涡激振动响应的分岔方向。

(4) 通过对分岔规律的分析与总结,提出"安全系数修正法",对二维圆柱涡激振动的振幅响应曲线进行修正,使其接近三维模型的精度。在此期间,针对大涡模拟法与雷诺平均法在计算涡激振动中存在的问题进行分析与改进,为本书的研究提供基础。

具体工作可分为以下 4 个部分:

(1) 在三维(大涡模拟法)圆柱涡激振动的特性分析中,主要研究三维效应的特征。同时研究并行计算的计算域划分策略和网格模型的优化策略,以提升大涡模拟法的计算速度与精度。

(2) 在二维(雷诺平均法)圆柱涡激振动的特性分析中,主要分析三维效应的缺失对二维数值模拟结果造成的影响。同时,针对 SST 湍流模型在计算尾流场完全湍流的低质量阻尼比圆柱涡激振动时湍动能偏小的问题,在 SST 湍流方程的比耗散率方程中添加额外的湍动能生成项,得到更加适用于涡激振动的湍流模型,并通过圆柱绕流以及涡激振动算例验证改进湍流模型的性能。

(3) 通过人为施加流场扰动,分析流场的扰动是否会使得涡激振动的响应状态发生突变,从而在一定程度上考察三维效应是否有可能改变涡激振动响应的分岔方向,探究二维圆柱与三维圆柱涡激振动之间的关联性。

(4) 根据所得到的分岔特性的规律,提出"安全系数修正法",对二维圆柱涡激振动的振幅响应曲线进行修正,使其接近三维模型的精度。同时与实验结果对比以验证该方法的正确性。

第 2 章

涡激振动基本理论

关于涡激振动的研究可以追溯到 20 世纪 60 年代。通过大量学者的不懈研究,当前已掌握涡激振动的一些基本规律,并建立起了一套基础的研究体系,包括涡激振动的成因、无量纲参数等。

2.1 边界层

漩涡的形成与边界层的分离有直接关系。边界层,即与结构物表面接触的流体层,是由 Prandtl[33] 最先提出的。当黏性流体以一定速度流过静止结构表面时,会产生一个薄层,在该薄层内,流体的速度梯度 $\delta u/\delta y$ 很大,该薄层便称为边界层。另外,边界层内的漩涡在沿着顺流向移动时,也会沿着横流向进行扩散。当入流速度较大时,漩涡的流向运动速度远大于横流向运动速度,此时,这些漩涡的运动被限制在边界层内。同时,在边界层内,黏性力的影响不可忽略。假定来流均匀,且方向与模型平行,平板和曲面结构的边界层示意如图 2.1 所示。

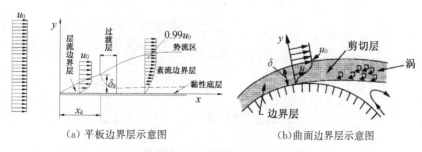

(a) 平板边界层示意图　　　　　(b) 曲面边界层示意图

图 2.1　平板和曲面结构的边界层示意图

黏性的存在使得贴着结构物表面的第一层流体质点的速度为零。同时，由于内摩擦力的原因，贴着结构物表面的流体质点会对相近的流体质点起到阻碍作用。因此，在一定范围内，即在一定边界层厚度内，流体存在速度梯度，对于范围之外的流体，速度梯度可以忽略。

在流体力学中，通常将流速等于 $0.99u_0$ 处的厚度定义为边界层厚度，并用符号 δ 表示。边界层有以下特征：

（1）相对于结构物的尺寸来说，δ 很小，并且沿着顺流向变大。

（2）边界层内部的流体速度梯度较大。

（3）由于 δ 非常小，可以近似假设边界层内外边界的压强 p 相等，因此有 $\partial p/\partial y = 0$。

（4）在边界层内，由于速度梯度较大，因此黏性力的量级和惯性力的量级相当。

（5）边界层内存在层流到湍流的过渡，即存在转捩现象。

2.2　边界层分离

在边界层内，对于黏性流体，垂直于结构表面的流体速度梯度很大，剪切应力不能忽略。此时，伯努利方程不再适用，应采用 Navier-Stokes 方程来表征流体的流动。

对于立管类圆柱，当流体以一定的速度在其表面流过时，在逆压梯度和壁面阻滞的作用下，边界层将发生分离[34]，如图 2.2 所示。

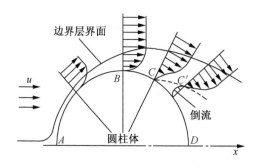

图 2.2　边界层分离原理图

边界层由驻点（A 点）开始形成，并且沿着流动的方向逐渐增厚。从 A 到 B 部分，流速增大，对应的压力减小。相应地，流体质点在顺压梯度下向前运动。到 B 点以后，由于通道变宽，流体质点速度降低，造成压力增加，此时沿流体质点运动方向产生了逆压梯度，阻碍其继续前进。流体质点在逆压梯度与黏性阻力的共同作用下，动能不断降低，到达 C 点时，动能消耗殆尽，此时，贴近壁面的流体质点速度降为零。对于离壁面稍远一些的流体质点，由于受到外流的带动，动能损耗稍慢，直到 C' 点处，动能才降为零。此时，逆压梯度依旧存在，CC' 以下的流体在逆压梯度作用下会发生回流，同时将相邻的流体质点向外挤，使得边界层脱离圆柱结构表面，从而造成边界层分离，其中 C 点为分离点。回流的流体与 CC' 以外的流体之间的相互作用导致了周期性脱落的旋涡，形成著名的卡门涡街，如图 2.3 所示。

图 2.3　卡门涡街示意图

2.3　旋涡脱落的阶段

当前的研究结果表明，圆柱后方的尾涡脱落形式随着雷诺数的变化可以有多种形式，大致规律如表 2.1 所示。

表 2.1　圆柱尾涡形式的不同阶段

	$Re<5$	流体紧贴物面流动，黏性力较大，不发生边界层分离
	$5\sim15<Re<40$	发生流动分离，周期性地泄放一对对称漩涡，随着 Re 的增大，分离点上移，层涡区变长

续表

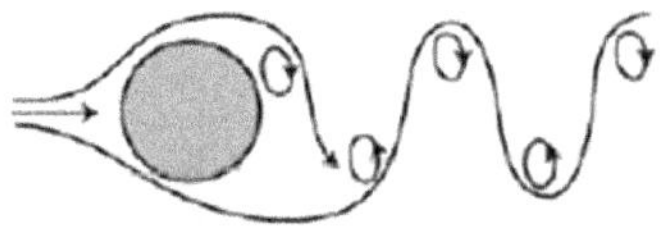	$40 < Re < 150$	漩涡变为交替泄放的形式,形成著名的卡门涡街
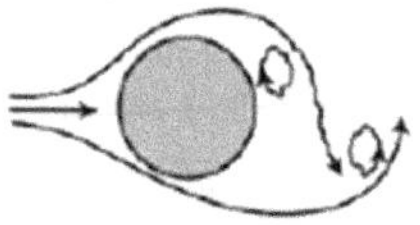	$300 < Re < 3 \times 10^5$	流动进入亚临界状态,交替泄放的漩涡开始变得不规则,随着 Re 的增大,尾涡逐渐向湍流涡街发展
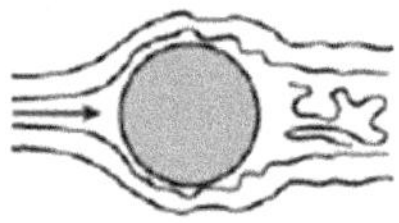	$3 \times 10^5 < Re < 3.5 \times 10^6$	流动进入临界状态和超临界状态,尾涡为不规则的湍流漩涡,并且尾流区宽度降低
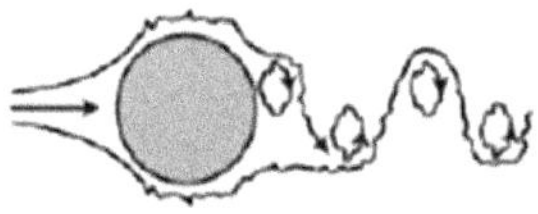	$3 \times 10^6 < Re$	步入跨临界状态,再次形成交替泄放的湍流涡街

2.4　锁定现象

"锁定现象"是涡激振动中最值得关注的现象之一。具体表现为:当流场速度较小时,圆柱体的涡激振动频率(f_{ex})近似等于静止圆柱泄涡频率(f_{st});随着流速的增大,f_{ex} 也随着 f_{st} 逐渐增大。当振动频率接近圆柱固有频率 f_n 时,圆柱振动幅值将突然增大,发生共振现象。此时,在一个较大的速度区间内,圆柱的振动频率 f_{ex} 会保持在固有频率 f_n 附近,并维持较大的振幅。

2.5　尾涡模式

根据在圆柱体后方流场中尾涡的脱落形式以及所形成的形状,可以将尾涡模式主要分成为 2S,2P,P+S,2C 与 2T 这几个类,如图 2.4 所示。其中 2S 尾涡模式对应的是在每个振动周期内,圆柱后方有两个独立的、旋转方向相反的尾涡均匀地形成,并从圆柱体后方交替地脱落;2P 尾涡模式表示的是在每个振动周期内,从圆柱体的后方交替地发放出两个旋转方向相反的涡对。

上述的 2S 和 2P 两种尾涡模式都是对称的,也是最为常见的尾涡模式。但在一些情况下,也会出现不对称的尾涡。如 P+S 尾涡模式,对应的是在圆柱体的后方,在一个振动周期内,在一侧脱落单个尾涡,而在另一侧脱落一个涡对;2C 尾涡模式表示的是在每个振动周期内,在圆柱体的后方脱落两个涡对,且每个涡对中的两个漩涡具有相同的旋转方向;2T 尾涡模式,表示的则是在每个振动周期内,在圆柱体的后方脱落两个涡组,每个涡组中含有旋转方向不完全相同的 3 个涡。

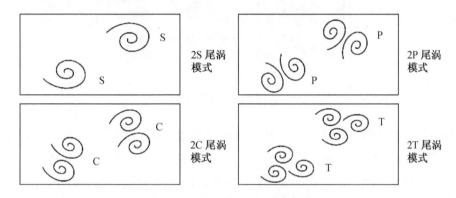

图 2.4　涡激振动主要尾涡模式

在涡激振动受迫振动和自激振动这两种形式中,尾涡模式的变化规律不同,需要分别讨论。

(1) 受迫振动中的尾涡模式

对于圆柱受迫振动的尾涡模式,较为全面的总结来自 Williamson 的团队,主要参考其的受迫振动实验数据。图 2.5 所示的是 Williamson[35] 的实验结果($m^* = 8.63$, $\zeta = 0.001\,51$),其中,A^* 表示的是无量纲化最大横流向振幅,即最大横流向振幅与圆柱直径的比值;λ^* 为无量纲化波长,具体表达式为 $\lambda^* = UT/D = \lambda/D$,其中,$U$ 为入流速度,T 为圆柱横流向的振动周期。在部分区域出现重叠,表示在该区域可能出现多种尾涡模式。

(2) 自激振动尾涡模式

自激振动中,传统的尾涡模式如图 2.6 所示,其中,ϕ_{vortex} 表示漩涡力与位移之间的涡相位,ϕ_{total} 表示总相位。根据圆柱质量阻尼比的大小,尾涡模式的变化规律有所差异。对于高质量阻尼比的圆柱,涡激振动响应只存在"初始

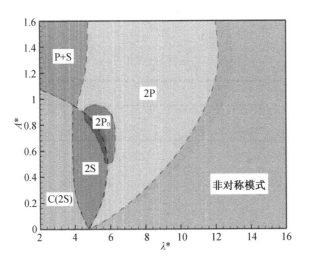

图 2.5　圆柱受迫振动尾涡发放模式

分支"与"下端分支";而对于低质量阻尼比的圆柱,除了"初始分支"与"下端分支"外,在两个分支之间还存在一个"上端分支"。一般来说,分支之间的切换伴随着尾涡模式的变化。如图 2.6 所示,对于低质量阻尼比的圆柱,当流速较低时(初始分支),圆柱体的振动幅值较小,此时呈现的一般为 2S 尾涡模式;当流速稍大且圆柱振幅较大时(上端分支),一般出现的是 2P 或者 P+S

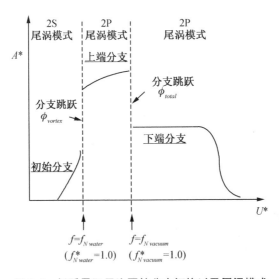

图 2.6　低质量阻尼比圆柱分支切换以及尾涡模式

（振幅很大时为 2T）尾涡模式；而当流速继续增大，超过一定临界值之后（下端分支），尾涡模式一般呈现为 2P 模式。

2.6 涡激振动常用参数

圆柱涡激振动中，常用的参数如下。

（1）雷诺数（Re）

雷诺数（Re）是用来表征流体流动特征的重要无量纲数，它的物理含义是惯性力比黏性力。表达式为

$$Re = \frac{UD}{\nu} \tag{2-1}$$

其中：U 为来流速度；D 为特征长度（圆柱结构即为直径）；ν 为运动黏性系数。

（2）质量比 m^*

质量比（m^*）表示圆柱（立管）的质量与排开水的质量之比。表达式为

$$m^* = \frac{4m}{\pi \rho D^2} \tag{2-2}$$

其中：m 为圆柱（立管）质量；ρ 为排开的液体的密度。

（3）阻尼比（ξ）

阻尼比（ξ）为结构的阻尼系数与临界阻尼之比，表达式为

$$\xi = \frac{c}{2\sqrt{mk}} = \frac{c}{2m\omega_n} \tag{2-3}$$

其中：k 为结构（弹簧）刚度；ω_n 为系统固有频率的圆频率；m 为结构质量（不考虑附加质量）；c 为结构阻尼。

（4）频率

在涡激振动中，频率的定义众多，并且没有统一的定义。一般来说，常用的频率主要有 f_{vac}，f_{ex}，f_{st}，f_n。

f_{vac} 表示结构体在真空中的振动固有频率，表达式为 $f_{vac} = (1/2\pi)\sqrt{k/m}$，

其中:m 为结构体的质量(不考虑附加质量)。

f_{ex} 表示结构体在受迫振动或者自激振动时的真实瞬时振动频率。

f_s 表示静止结构体后方的旋涡脱落频率。

f_n 为结构体固有频率。对于 f_n 的取法,存在一定的争议。部分学者认为,应当取结构体在真空中的振动固有频率,也有人认为应当取结构体在静水中的自由振动固有频率。在本书中,f_n 取的是静水中的固有频率。

(5) 约化速度(U_r 或 U^*)

约化速度,又称无量纲速度、无因次速度、折合速度等。其物理意义:一个周期下,流体运动距离与特征长度的比值。表达式为

$$U_r = \frac{U}{f_n D} \tag{2-4}$$

(6) 无量纲时间 (t^*)

无量纲时间,又称无因次时间、折合时间等。表达式为

$$t^* = \frac{tU}{D} \tag{2-5}$$

(7) 斯特劳哈尔数(St 数)

St 数是表征运动周期性的相似准则。表达式为

$$St = \frac{fD}{U} \tag{2-6}$$

其中:f 为泄涡或振动频率。

(8) 升力与升力系数

流体以一定速度流过圆柱体时,会在圆柱体后方产生交替性脱落的尾涡,造成交替变化的压力差,在横流向会产生脉动升力。升力的历时曲线表现为正弦函数的变化形式,并且由于对称性,其时均值一般为零。具体原理如图 2.7 所示,当圆柱下方有漩涡脱落时,根据流场环量守恒的特性,必将在尾流场产生一个逆向的环流。此时,圆柱上侧的流速大于下侧流速,因此下侧的压力将大于上侧的压力,使圆柱体受到一个向上的压力分量。相同的原理,随着旋涡的交替脱落,交替产生横流向的压力分量,形成脉动升力。

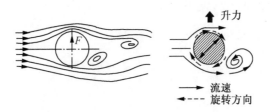

图 2.7　升力产生原理图

升力的计算式为

$$F_L = C_L \frac{1}{2}\rho U^2 DL \tag{2-7}$$

其中：F_L 为升力；C_L 为升力系数。

由于升力的时均值为零，人们一般更关注均方根升力系数 C_{Lrms}，其表达式为

$$C_{Lrms} = \frac{\sqrt{F_L^2}}{\frac{1}{2}\rho U^2 DL} \tag{2-8}$$

其中：ρ 为流体密度；U 为入流速度；D 与 L 分别表示的是圆柱体的直径与展向的长度。

（9）阻力与阻力系数

圆柱绕流或涡激振动的阻力主要可以分为摩擦阻力（D_f）与压差阻力（D_p）。摩擦阻力，顾名思义来源于流体的黏性，代表的是作用在圆柱体表面的切向应力在入流方向上的分量的总和；压差阻力也称为形状阻力，形成原因与升力类似，是旋涡脱落造成的压力差在顺流方向上的分量。总的来说，圆柱的阻力是作用于圆柱表面的剪应力（τ_0）与压力（P）在顺流方向的分量之和，计算公式为

$$F_D = C_D \frac{1}{2}\rho U^2 DL \tag{2-9}$$

升力系数和阻力系数是描述浮力筒受力的无量纲物理量。虽然阻力的历时曲线也会发生波动，但其作用方向一般不改变。因此，对于阻力系数，人们往

往更关注它的平均值 $\overline{C_D}$，表达式为

$$\overline{C_D} = \frac{\overline{F_D}}{\frac{1}{2}\rho U^2 DL}$$

(2-10)

2.7 本章小结

    本章主要介绍了涡激振动的形成原因及相关的理论，并对涡激振动研究中常用到的一些专用名词和无量纲参数进行了较为详细的解释。此外，还介绍了涡激振动的基本特性和响应规律。本书正是着眼于这些基本特性和响应规律，在后续中开展更加深入的研究。

第 3 章

基于 OpenFoam 的大涡模拟
并行计算策略优化

本章主要针对工程中立管等圆柱结构涡激振动流场的三维效应进行数值模拟分析。根据 N-S 方程不同的求解方式,流场数值模拟法大体上可以分为三类:直接数值模拟(Direct Numerical Simulation,DNS)、雷诺平均法(Reynolds Averaged Navier-Stokes,RANS)和大涡模拟(Large Eddy Simulation,LES)。DNS 法具有较高的计算精度,但需要消耗大量的时间与计算机资源,当前难以应用于较大雷诺数下的复杂流场计算[36];雷诺平均法在推导过程中会应用到较多的假设,使得雷诺应力的封闭模式普适性较差[37],对于涡激振动这类周期性分离流场,往往会产生较大的误差[38];大涡模拟法介于雷诺平均法与直接数值模拟法之间,只对小尺度脉动做封闭模型,而小尺度脉动具有一定的相似性,受边界条件的影响较小,因此有可能有较宽的使用范围[39]。已有的研究成果也证明了这一点。如 Saeedi[40] 运用大涡模拟的方法,研究了三维方柱背后的湍流尾流特性,并将数值模拟结果与风洞实验结果进行对比,验证了数值模拟的精度。Alqadi[41] 运用大涡模拟法对三维的双圆柱绕流问题进行了数值模拟,所有主要特征的计算结果都与实验值吻合得较好。可见对于三维圆柱涡激振动来说,大涡模拟是相对较好的方法。

本章首先开展的是三维圆柱涡激振动特性的研究,选用的数值模拟方法为大涡模拟法。大涡模拟法的限制主要来源于由其所需的非常精细的网格和小尺度的时间步长造成的高额计算成本[42]。但对于亚临界雷诺数[43]范围内小长细比圆柱的绕流问题甚至涡激振动问题,由于其流场与网格相对较为简单,采用适当的并行计算方法,有望将其计算时间控制在可以实现的范围内。本章的主要内容就是以圆柱绕流为例,对三维圆柱绕流大涡模拟法的并行计算方法进行优化,主要体现在对并行区域划分方式的优化。通过比较不同并行区域划分方式下的大涡模拟法对圆柱绕流算例的精度与计算效率,探究适用于绕流类问题的最佳并行计算域划分策略,为之后的三维效应研究提供基础。

3.1　大涡模拟湍流模型

大涡模拟(LES)的基本思路是过滤掉难以计算的小尺度脉动,然后直接计算相对容易计算的大尺度脉动,并采用封闭模型进行处理,以考虑小尺度脉动的影响。在计算流体力学中,一般将小尺度脉动表示为应力项,称为亚格子应力。

3.1.1　脉动的过滤

根据已有的研究[44],对于几乎所有形式的脉动,在一个足够小的尺度内都具有一定的共性,这个尺度一般被称为惯性子区。因此,对于小尺度脉动,一般在这个尺度上进行过滤。

大涡模拟中,常用的过滤器主要有高斯过滤器、谱空间低通滤波器和物理空间的盒式滤波器,详见文献[37]。

3.1.2　大涡模拟的控制方程

流体的控制方程一般包括连续方程与动量方程。

(1) 连续方程

连续方程体现的是在流体运动过程中,满足质量守恒原理,表达式为

$$\frac{\partial \rho}{\partial t} + \frac{\partial(\rho u)}{\partial x} + \frac{\partial(\rho v)}{\partial y} + \frac{\partial(\rho w)}{\partial z} = 0 \tag{3-1}$$

其中:ρ 为流体密度;t 为时间;u,v,w 为速度 U 分别在 x,y,z 方向上的分量。

(2) 动量方程

动量方程体现的是流体运动过程中,满足动量守恒定律。经过推导,可得 x,y,z 三个方向上的动量守恒方程,即著名的 Navier-Stokes(N-S)方程:

$$\frac{\partial(\rho u)}{\partial t} + div(\rho uu) = -\frac{\partial p}{\partial x} + \frac{\partial \tau_{xx}}{\partial x} + \frac{\partial \tau_{yx}}{\partial y} + \frac{\partial \tau_{zx}}{\partial z} + F_x \tag{3-2}$$

$$\frac{\partial(\rho v)}{\partial t} + div(\rho vu) = -\frac{\partial p}{\partial y} + \frac{\partial \tau_{xy}}{\partial x} + \frac{\partial \tau_{yy}}{\partial y} + \frac{\partial \tau_{zy}}{\partial z} + F_y \tag{3-3}$$

$$\frac{\partial(\rho w)}{\partial t} + div(\rho wu) = -\frac{\partial p}{\partial z} + \frac{\partial \tau_{xz}}{\partial x} + \frac{\partial \tau_{yz}}{\partial y} + \frac{\partial \tau_{zz}}{\partial z} + F_z \tag{3-4}$$

其中：p 为压强；$\tau_{xx},\tau_{xy},\tau_{xz}$ 为黏性应力 τ 的分量；F_x,F_y,F_z 为微元体上体力。

通过过滤器，对 N-S 方程进行过滤，可以得到以下的方程形式：

$$\frac{\partial \overline{u_i}}{\partial t} + \frac{\partial \overline{u_i u_j}}{\partial x_j} = -\frac{1}{\rho}\frac{\partial \overline{p}}{\partial x_i} + \nu \frac{\partial^2 \overline{u_i}}{\partial x_j \partial x_j} \tag{3-5}$$

$$\frac{\partial \overline{u_i}}{\partial x_i} = 0 \tag{3-6}$$

令 $\overline{u_i u_j} = \overline{u}_i\, \overline{u}_j + (\overline{u_i u_j} - \overline{u}_i\, \overline{u}_j)$，其中 $-(\overline{u_i u_j} - \overline{u}_i\, \overline{u}_j)$ 称为亚格子应力，式(3-5)可记为

$$\frac{\partial \overline{u_i}}{\partial t} + \frac{\partial \overline{u}_i\, \overline{u}_j}{\partial x_j} = -\frac{1}{\rho}\frac{\partial \overline{p}}{\partial x_i} + \nu \frac{\partial^2 \overline{u_i}}{\partial x_j \partial x_j} - \frac{\partial(\overline{u_i u_j} - \overline{u}_i\, \overline{u}_j)}{\partial x_j} \tag{3-7}$$

可以发现，方程的右边含有不封闭项。将不封闭项表示成如式(3-8)所示的应力的形式，并构造封闭模型对其进行封闭：

$$\overline{\tau}_{ij} = \overline{u}_i\, \overline{u}_j - \overline{u_i u_j} \tag{3-8}$$

其中：$\overline{\tau}_{ij}$ 称为亚格子应力，表示的是通过滤波器过滤掉的小尺度(不可解尺度)脉动与大尺度(可解尺度)湍流间的动量运输。

3.1.3 亚格子模型

为了使大涡模拟的控制方程封闭，必须对亚格子应力构造封闭方程(亚格子模型)。较为经典的亚格子模型如下。

(1) Smargorinsky 涡黏模式

该模式假设被过滤器过滤的小尺度脉动局部平衡，也就是说，湍动能耗

散率等于小尺度脉动与大尺度湍流间的能量传输速率,因此可以采用涡黏模式的 Smargorinsky 模型:

$$\overline{\tau_{ij}} = (\overline{u_i}\,\overline{u_j} - \overline{u_iu_j}) = 2\,(C_S\Delta)^2\,\overline{S_{ij}}\,(2\,\overline{S_{ij}}\,\overline{S_{ij}})^{1/2} - \frac{1}{3}\,\overline{\tau_{kk}}\delta_{ij} \quad (3-9)$$

其中:Δ 为滤波尺度;$C_S\Delta$ 为混合长度;C_S 为 Smargorinsky 常数。

Smargorinsky 常数通过高雷诺数各向同性的湍流能谱确定。在惯性子区中,令湍动能耗散率等于小尺度脉动与大尺度湍流间的能量传输速率,即有公式:

$$\varepsilon = 2\,(C_S\Delta)^2\langle 2\,(\overline{S_{ij}}\,\overline{S_{ij}})^{3/2}\rangle \quad (3-10)$$

Lilly[45]利用-5/3 湍动能谱,并通过假定 $\langle(\overline{S_{ij}}\,\overline{S_{ij}})^{3/2}\rangle = (\overline{S_{ij}}\,\overline{S_{ij}})^{3/2}$,得到了 C_S 的表达式为

$$C_S = \frac{1}{\pi}\left(\frac{2}{3C_K}\right)^{3/4} \quad (3-11)$$

其中:C_K 为 Kolmogorov 常数,取值为 1.4。因此求得 $C_S \approx 0.18$。在实际计算中,发现 C_S 是随着网格与边界条件变化的,变化范围一般在 0.065~0.25 之间。根据经验,C_S 取 0.1 时,对于圆柱绕流及涡激振动类问题,可以得到较大围内较为准确的数值模拟结果。然而,该模型对于边界层内流场的计算存在一定的误差。在近壁面附近,湍流的脉动理论上应该近似等于零,相应地,亚格力应力也约等于零。然而,据公式(3-9)算出的亚格子应力显然不等于零,存在误差,会造成耗散过大。同时,在从层流到湍流(即转捩过程)的过渡初始阶段,湍动能的耗散在理论上应该非常小,而公式(3-9)中的湍动能耗散都是按照充分发展的湍流来计算,因此该模型无法预测湍流的转捩。

(2) Dynamic Smagorinsky 动力模式

动力模式本身不提出新的亚格子模型,它是根据基准模式,用动态方法确定其中的系数。基准模式通常根据湍动能谱来确定系数,如标准 Smagorinsky 涡黏模型根据湍动能谱确定基准模式系数 $C_S = 0.18$,但是如上文所述,在边界层内会存在一定弊端。动力模式在标准 Smagorinsky 涡黏模型基础上,根据大尺度脉动的局部特征来确定系数。具体介绍可见文献[37]。

　　然而,在动态确定基准模式系数时,理论上应当进行系综平均[46]。对于一般复杂湍流,没有统计均匀的方向,因此难以动态确定系数。

　　(3) WALE 模型

　　WALE 模型是由 Nicoud 和 Ducros[47] 提出的、实现在边界层近壁面处自适应的、基于 Smagorinsky 涡黏模式的大涡模拟改进模型。其基本思路:基于流场速度梯度张量的平方,来计算最小可解尺度脉动的旋转率和应变的影响。因此,在近壁面附近,可以充分考虑黏性的影响,无需使用动态法计算 Smagorinsky 系数,也能得到较为精确的涡黏性结果。涡黏性的定义式为

$$\mu_{SGS} = \rho \ (C_W \Delta)^2 \ \frac{(S_{ij}^d S_{ij}^d)^{3/2}}{(\overline{S_{ij}} \ \overline{S_{ij}})^{5/2} + (S_{ij}^d S_{ij}^d)^{5/4}} \qquad (3\text{-}12)$$

其中:C_W 是 WALE 模型的经验系数,根据经验,对于亚临界范围内的圆柱绕流及涡激振动问题,C_W 取 0.5 时,能获得较好的计算结果。S_{ij}^d 表示的是流场速度梯度张量的平方的无痕迹对称部分[48],可表示为

$$S_{ij}^d = \frac{1}{2} (\overline{g_{ij}}^2 + \overline{g_{ji}}^2) - \frac{1}{3} \delta_{ij} \ \overline{g_{kk}}^2 \qquad (3\text{-}13)$$

其中:$\overline{g_{ij}}^2 = \overline{g_{ik}} \ \overline{g_{kj}}$, $\overline{g_{ij}} = \partial \overline{u_i} / \partial x_j$;$\delta_{ij}$ 为 Kronecker 符号。张量 S_{ij}^d 按照涡量和应变率张量形式,可以表示为

$$S_{ij}^d = \overline{S_{ik}} \ \overline{S_{kj}} + \overline{\Omega_{ik}} \ \overline{\Omega_{kj}} - \frac{1}{3} \delta_{ij} (\overline{S_{mm}} \ \overline{S_{mm}} - \overline{\Omega_{mn}} \ \overline{\Omega_{mn}}) \qquad (3\text{-}14)$$

其中:$\overline{\Omega_{ij}}$ 为涡量张量,可表示为

$$\overline{\Omega_{ij}} = \frac{1}{2} \left(\frac{\partial \overline{U_i}}{\partial x_j} - \frac{\partial \overline{U_j}}{\partial x_i} \right) \qquad (3\text{-}15)$$

WALE 模型对于从层流到湍流的转捩具有较好的适用性,同时考虑了近壁面的黏性影响,兼具动力模式的优势。

　　本书计算的工况,处于亚临界雷诺数范围内,存在层流与湍流的转捩。标准的 Smagorinsky 涡黏模式模型存在较大的误差,因此选择 WALE 模型进行大涡模拟算例的计算。

3.2　圆柱绕流网格模型

本书数值模拟使用的软件为 OpenFoam,研究对象为 $D=0.1\text{m}$ 的圆柱。已有的研究结果表明[37;49;50],圆柱展向长度与展向网格数会影响数值模拟的结果,当展向长度小于 πD 且展向网格的长宽比较大时,会产生较大的计算误差,使得数值模拟的升力、振幅等结果偏大。为了确保数值模拟的精度,取圆柱模型的展向长度为 $2\pi D$,展向网格数为 64 层。

3.2.1　网格模型与边界条件

圆柱绕流的数值模型示意如图 3.1 所示,计算域的范围为 $-8D{<}X{<}32D$,$-8D{<}Y{<}8D$,$-\pi D{<}Z{<}\pi D$,其中:X 为来流方向;Y 为垂直来流及展向的方向;Z 为圆柱展向。坐标原点为中截面的圆心处。

计算域边界条件的定义:入口定义为均匀来流(自定义流入速度);圆柱表面定义为无滑移壁面(No-slip wall);出口定义为静压力等于零(Hydrostatic pressure=0);其余边界均定义为对称边界(Symmetric)。

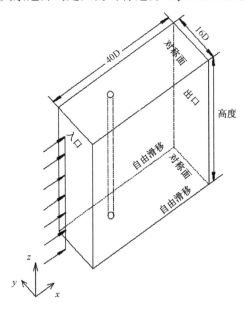

图 3.1　圆柱绕流数值模型

3.2.2　网格划分

对于大涡模拟法,根据上文中的分析,为了得到较为精确的计算结果,网格的尺寸必须小于过滤尺度,因此需要划分较为密集的网格,同时,圆柱表面附近的网格应当更加细密,并且保证 $y^+ \leqslant 1.0$。y^+ 的定义式为

$$y^+ = 0.172 \frac{\Delta y}{D} Re^{0.9} \tag{3-16}$$

其中:Δy 为第一层网格厚度。

借鉴文献[51]对过滤尺度的估算,本书数值模拟将计算域划分为内圆(靠近圆柱壁面的区域)、过渡区与后方流场三个区域。其中,内圆涉及边界层,流动比较复杂,需要布置更加细密的网格;后方流场的网格相对来说较为稀疏,过渡区的网格则由密到疏,实现平稳过渡。展向(z 轴方向)长度为 $2\pi D$,网格数为64层,网格总数为 1 512 960。具体的网格模型如图 3.2 所示。

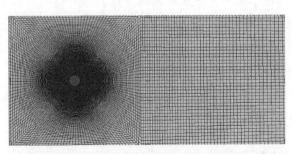

(a) 每层网格

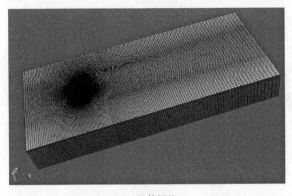

(b) 整体网格

图 3.2　三维圆柱绕流网格模型

此外,为了保证大涡模拟的计算精度,离散格式均为高阶格式,并且在数值模拟中,时间步长根据库朗数来确定[52],保证计算过程中库朗数的最大值小于 0.2。库朗数的计算公式为

$$Courant\ number = \frac{U\Delta t}{\Delta x} \tag{3-17}$$

其中:Δx 表示网格尺寸。

3.3 圆柱绕流并行计算模型

本书中的并行计算基于 OpenFoam 软件的并行计算模块实现,采用的是分解计算域法。将计算域分成几个独立的子计算域,每个子计算域用独立的 CPU 来进行计算,最后将计算结果进行整合。

对于圆柱绕流或者涡激振动这类模型较为简单与规则的算例,最为合适的方法是 Simple 并行计算法。Simple 法是最为常用、最简单的并行子计算域分解方法之一,具体为按照 xyz 的顺序,对各坐标轴方向的子计算域分块数进行设定,并对整体计算域进行相应的切分。如 Simple(2,1,1)表示的是计算区域沿 x,y 与 z 轴的分别切分为 2 块、1 块与 1 块。此外,在用 Simple 法划分的子区域中,网格数量相等。

3.3.1 并行计算测评参数

性能评测是反映并行计算性能的指标,评比标准大致可以被分为 3 个级别,分别为机器级、算法级以及程序级[53]。其中,机器级的评测指标一般包括 CPU 和储存器的性能、计算机成本与性价比等指标;算法级的测评指标主要包括时间开销[$c(n)$]、并行加速比(S)和并行效率(E)等;程序级的测评指标主要包括数学库标准、基本标准以及并行测试等[54]。本节重点讨论的是算法级的测评指标,主要指标的具体定义如下。

(1) 时间开销[$c(n)$]

并行计算中的时间开销[$c(n)$]表示的是完成并行计算算例时,所有处理器所消耗的时间的总和,表达式为

$$c(n) = t(n) \times p(n) \tag{3-18}$$

其中：$t(n)$ 为完成并行计算数值模拟所花费的时间；$p(n)$ 表示使用到的处理器的总数。

（2）加速比（S）

并行计算中的加速比（S）是直观地表征并行计算性能的指标。具体表示的是相同的计算算例，运用串行计算（不采用并行计算）所用时间 T_S 与运用并行计算所用时间 T_P 的比值，也就是表示运用多个处理器（并行计算）的计算速度是串行计算（单个处理器）的计算速度的几倍，表达式为

$$S = \frac{T_S}{T_P} \tag{3-19}$$

其中：T_S 表示单个处理器下完成计算任务所消耗的时间；T_P 表示多个处理器下完成计算任务所消耗的时间。理想状况是线性加速，即当并行计算的处理器数 $p(n)$ 为 N 时，加速比可以达到 $S=N$。

（3）并行效率（E）

并行计算中的并行效率（E）表征的是在并行计算过程中，处理器被有效使用的程度。具体为加速比与所使用的处理器个数的比值，表达式为

$$E = \frac{T_S}{NT_P} = \frac{S}{N} \tag{3-20}$$

在理想状况下，并行效率（E）所能达到的最大值为 1；但在实际情况中，额外的时间消耗无法避免，并行效率（E）的值在 0～1 之间。

3.3.2　并行计算子计算域划分方式

并行计算中，计算时间主要消耗在数值计算和不同数据之间的数据传输与交换这两个过程中[55]。数值计算速度主要是由处理器性能及算法决定，而数据的传输与交换速度除了与处理器性能、算法程序有关外，还与子区域的划分方式有密切关系。对于既有的设备与程序，在处理器性能以及算法程序上进行改进以提升计算效率，难度较大；在子区域的划分方式上进行优化以提升计算效率是较为可行且提升空间较大的策略。此外，并行子计算域的划分不仅影响着计算效率，对计算的精度也存在较大的影响。本节的内容就是

寻找适合圆柱绕流的最佳并行计算子计算域划分方式,具体思路为综合比较不同子计算域划分方式下的并行计算精度与效率。

以八核处理器计算机为例,运用 Simple 法,按照不同的形式,将整体计算域分为 8 个子计算域,如图 3.3 所示。其中,不同颜色对应着不同的子计算域。图 3.3(a)所示的是采用串行计算,即不采用并行计算的计算域;图 3.3(b)—(e)所示的是典型的并行计算子计算域的划分方式。值得注意的是,每个子计算域中,包含的网格数量相等。由于圆柱壁面附近的网格较为密集,因此在图 3.3(b)与 3.3(d)中,靠近圆柱壁面的子计算域的体积较小。

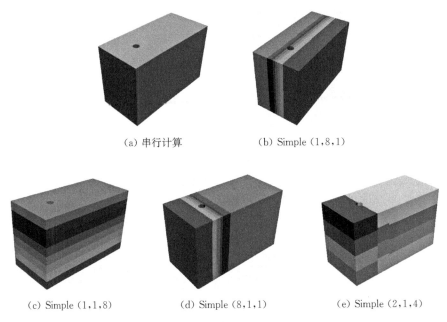

(a) 串行计算　　　　　　(b) Simple (1,8,1)

(c) Simple (1,1,8)　　(d) Simple (8,1,1)　　(e) Simple (2,1,4)

图 3.3　典型并行计算子区域划分方式

3.4　圆柱绕流并行计算结果分析

分别运用不同的并行计算域的划分方式,采用大涡模拟法,对圆柱绕流算例进行计算,对数值模拟结果进行精度以及算法级并行计算性能测评,分析各因素对精度及效率的影响,探究圆柱绕流算例的最佳子计算域的划分策略。

3.4.1　子计算域数量对计算结果的影响

首先研究并行计算中所使用的处理器数量(子计算域划分的数量)对并行计算结果的影响。保持其他参数相同,只将计算域在 z 方向上的分块数量分别取为 1(串行计算)、2,4,6 与 8,相应的域划分方法 Simple(1,1,1)(串行计算)、Simple(1,1,2)、Simple(1,1,4)、Simple(1,1,6) 与 Simple(1,1,8)。本章中的计算硬件为戴尔台式机,处理器为 Intel(R) Core(TM) i7-4770 CPU @ 3.40GHz,内存为 32GB,操作系统为 64 位 Windows/Ubuntu 双系统。

采取上述 5 种子计算域划分方式,运用大涡模拟法,对 $Re=6400$ 时的三维圆柱绕流进行数值模拟,并对稳定阶段的计算结果进行分析。表 3.1 列出了不同子计算域数量的模型对应的阻力系数 C_d(平均值)、升力系数 C_l(最大值)和 St 数的结果。需要特别说明的是,为了单纯地评估由并行计算造成的误差,将串行计算的结果作为参照,将并行结果相对于串行结果的误差列在表 3.1 中,用 Δ 表示。

表 3.1　不同子计算域数量下的数值模拟结果对比

子计算域个数	平均 C_d	$\lvert \Delta C_d \rvert$ /%	最大 C_l	$\lvert \Delta C_l \rvert$ /%	St 数	$\lvert \Delta St \rvert$ /%
1	1.076 7	—	0.325 7	—	0.224 3	—
2	1.078 1	0.15	0.312 5	4.05	0.209 7	6.54
4	1.066 7	1.29	0.294 2	9.66	0.216 3	3.60
6	1.060 6	1.9	0.327 3	0.49	0.214 8	4.25
8	1.063 5	1.61	0.341 4	4.82	0.213 8	2.68

由表 3.1 可知,并行计算引起的误差,并不是简单地随子计算域个数的增加而增加或者减小,而是在一定范围内波动。从总体上来看,由子计算域个数引起的误差总体上小于 5%(虽然有个别点的误差达到了 10%),在工程上可接受的范围内。因此,将并行计算的方法应用到本书中三维圆柱绕流大涡模拟上是可行的。

接下来考量的是不同处理器数量(子计算域划分的数量)对计算效率的影响。上文中提及的 5 种子计算域划分方式下的并行计算算法级性能测评结果见表 3.2。可以发现,随着并行计算域(使用核数)的增加,数值计算所消耗的时间将不断减少,相应地,并行计算的加速比逐渐增大,当使用 8 个处理器进行并行计算时,加速比达到 2.745 1,相当于提速 2.75 倍。然而,并行计算的计算效率却随着子计算域个数的增加而减小。从直观上分析,这是由于并行计算需要涉及并行区域相邻界面直接的数据交互,随着子计算域数量的增加,将增大数据交互面的面积与网格数量,因此必然会消耗更多的额外时间,造成并行效率的降低和计算机资源的浪费。由此可见,在并行计算中,划分的子计算域并非越多越好,需要综合考量,制定性价比最高的方案。

表 3.2 不同子计算域个数下的并行计算算法级性能测评

子计算域个数	迭代时间/s	消耗时间	加速比(S)	并行效率(E)/%
1	5	254 695 s(70.75 h)	1	100
2	5	211 735 s(58.82 h)	1.202 9	60.145
4	5	168 696 s(46.86 h)	1.509 8	37.745
6	5	115 592 s(32.11 h)	2.203 4	36.723
8	5	92 781 s(25.77 h)	2.745 1	34.314

加速比与并行效率随子计算域个数的变化趋势如图 3.4 所示。需要说明的是,在图中,并行效率 E 用小数的形式(不以百分比形式)表示。

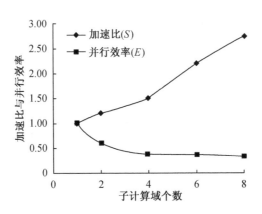

图 3.4 加速比与并行效率变化趋势

从图 3.4 中可以看出,随子计算域数量的增加,加速比几乎为线性增加。并行效率起初显著减小,当子计算域个数为 2 时,并行计算效率降低至 60% 左右,当子计算域个数为 4 时,并行计算效率降低至 38% 左右;之后,并行效率降低的幅度减小,最终稳定在 0.3(30%)左右。由此可知,当采用多核(4 核以上)并行计算时,计算效率大约为 30%。

3.4.2 子计算域划分方式对计算结果的影响

除了子计算域的数目外,子计算域的划分方式也会对并行计算的精度及效率产生较大影响。在这一部分中,将重点对子计算域的划分方式进行分析。

首先研究不同子计算域的划分方式对数值模拟精度的影响。子计算域个数均为 8,在不同子计算域划分方式下的圆柱绕流数值模拟结果如表 3.3 所示。与上文类似,为了单纯地评估由并行计算造成的误差,将串行计算结果作为参照,进行比较。此外,误差的衡量方式为总误差,即平均阻力系数与最大升力系数的误差的绝对值之和,用 $|\Delta|$ 表示。

表 3.3 不同子计算域划分方式下的圆柱绕流阻力与升力系数计算结果

编号	子计算域划分方式	平均 C_d	最大 C_l	$|\Delta|/\%$
1	串行计算	1.079 6	0.353 0	—
2	Simple (8,1,1)	1.070 6	0.334 8	5.16
3	Simple (1,8,1)	1.087 8	0.345 3	2.19
4	Simple (1,1,8)	1.057 0	0.341 4	3.31
5	Simple (2,1,4)	1.101 6	0.451 5	27.92
6	Simple (4,1,2)	1.087 5	0.472 8	33.94

从表 3.3 中可以发现,子计算域的划分方式对数值模拟的精度有显著影响。当计算域在一个方向上划分,即子计算域平行分布时,并行计算误差相对较小,总误差约在 5% 之内,能够满足数值模拟的精度要求。当计算域在多个方向上划分,计算误差将显著增加,误差均达到了 28% 以上,显然无法满足精度要求。进一步分析,对于计算域在同一方向进行划分的情况,类似于经典的切片法[56],在接触面上,每个六面体网格只有一个面涉及数据的交互。而对于计算域在多个方向上划分的情况,如图 3.5 所示,部分边界上的六面体网格有 2 个甚至 3 个面进行数据交互,并且有可能涉及多个子计算域之间的数据交互,这必然会造成较大的计算误差。

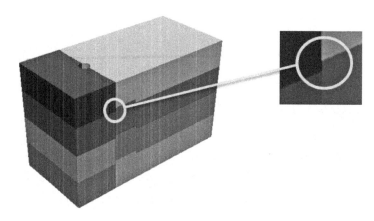

图 3.5　复杂交互面示意图

除了计算精度外,计算效率也是并行计算最为关键的问题之一。为了研究不同并行计算子计算域划分方式对并行计算效率的影响,分别计算在不同的计算域划分方式下,完成三维圆柱绕流大涡模拟算例所消耗的时间,并计算加速比(S)与并行效率(E),如表 3.4 所示。考虑到在多个方向上划分计算域时的计算误差较大,已经无法满足精度要求,因此在此不再分析其效率,只分析在单个方向上划分计算域的工况。

表 3.4　不同子计算域的划分方式下计算效率

编号	子计算域划分方式	消耗时间/s	加速比(S)	并行效率(E)/%	效率提升(ΔE)/%
1	Simple (8,1,1)	109 610	2.32	29.05	9.75
2	Simple (1,8,1)	120 269	2.11	26.47	—
3	Simple (1,1,8)	92 781	2.75	34.31	29.62

从表 3.4 中可以看出,在表中所列的 3 种工况中,2 号工况即 Simple (1, 8,1)在加速比和并行效率中都是最低的,因此,将 Simple (1,8,1)工况作为基准,比较各工况的并行计算效率。

分析 1~3 号工况,对于同一方向划分子计算域的情况,当划分方向在 x 或 y 轴方向时,并行计算的速度与效率相差不大;当划分方向为 z 轴时,计算速度与效率明显提升,提升幅度可到 30% 左右。具体分析 Simple (8,1,1)1 号工况,如图 3.6 所示。需要注意的是,运用 Simple 方法划分的子区域中,网格数量相等。由于近壁面附近的网格更加细密,所以包含近壁面部分越多的子计算域的体积越小。此外,对于近壁面的网格,特别是贴近壁面第一层的网格,需要涉及边界层的流动,情况较为复杂,计算速度较慢。因此,在相同网格数量的情况下,包含较多近壁面网格的子计算域,如 2 号与 3 号子计算域,每一时间步长的计算耗时都会大于 1 号与 4 号子计算域,使得计算 1 号与 4 号子计算域的处理器在完成对应区域的计算之后将处于闲置状态,造成资源的浪费。而整体的计算时间取决于计算速度最慢的计算域,因此这种子计算域划分方式显然是不合理的。对于在 z 轴上划分子计算域的工况,对称性令每个子计算域之间的差异较小,从而使得每个子计算域的计算量相近,故可以充分利用计算机资源。因此,对于圆柱绕流或涡激振动的问题,子计算域应当尽量沿着展向划分。

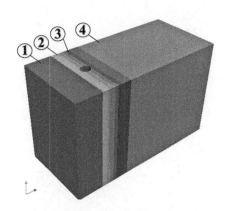

图 3.6 工况 1 子计算域分布示意图

3.5 本章小结

相较于雷诺平均法,大涡模拟法受边界条件的影响更小,具有更宽的使用范围,因此对于三维圆柱绕流及涡激振动类问题,大涡模拟法具有更高的计算精度。为了应对大涡模拟计算速度慢的这一不足,并行计算是最为有效的方法之一。本章研究了并行计算子计算域的数量以及划分方式对数值模拟精度以及效率的影响,以研究三维圆柱绕流与大涡模拟的最佳并行策略。研究结果表明,当对计算速度要求较高且计算机内存充足时,尽量采用尽可能多的处理器进行计算最为划算,并行计算效率约为 30%。此外,为了获得较高的精度以及计算效率,在划分子计算域时,应尽量避免复杂的数据交互面,并尽量使子计算域之间的差异减小。对应于三维圆柱绕流及涡激振动问题,最佳的并行子区域划分方式为沿圆柱展向的方向均匀划分。本章的研究目的是为之后的大涡模拟三维效应的数值模拟研究提供基础。

第 4 章

基于 OpenFoam 的大涡模拟最适展向
网格数及三维效应分析

　　除了并行方法之外，数值模型本身的网格数量也是影响大涡模拟法计算时间的重要因素。对于刚性圆柱绕流或者涡激振动大涡模拟问题，圆柱展向方向的网格数的选取是大涡模拟建模过程中需要重点考虑的内容之一。过多的展向网格数将导致整体计算网格数量成倍增加，进而显著增加数值模拟消耗的时间；而过少的展向网格数量将会导致计算精度的降低以及三维效应的体现不充分。

　　对于运用大涡模拟法计算圆柱绕流及涡激振动问题时选取多少展向网格数为宜，当前并无系统的研究，甚至有不少学者还直接将大涡模拟法用于二维计算（即展向网格数为 1 层）。如张立[57]运用二维大涡模拟计算了浮力筒的涡激运动响应，计算结果显然与实验值具有较大偏差，特别是顺流向振幅明显偏大；乔亚森[58]运用二维大涡模拟法对串列双圆柱进行了噪声分析，从其文献中可以发现，两个圆柱升力系数的数值模拟值均明显大于实验值；王雅赟等[59]采用大涡模拟法，对二维水翼片的空泡脱落进行了数值模拟，同样可以从中发现，通过二维大涡模拟法计算得到的水翼片的升力系数与阻力系数均与实验值有较大偏差；郭延祥等[60]、蒋昌波等[61]对丁字坝绕流进行了二维大涡模拟研究，得到的回流长度的数值模拟结果明显小于模型试验值。显然，针对三维问题提出的大涡模拟法并不能直接应用于二维（展向网格数为 1 层）算例的计算。何子干[62]、苑明顺[63,64]等人对传统大涡模拟法进行了改进，得到了二维形式的大涡模拟模型。但二维形式的模型中略去了 z 方向的脉动项，忽略了三维效应，并且计算精度也难以得到保证，局限性较大。由此可见，对于二维工况，即展向网格层数取为 1 或者取值较小时，大涡模拟法会有很大的计算误差。对于圆柱绕流及涡激振动问题,为了体现大涡模拟法的三维效应,在圆柱展向必须拥有足够的网格数。本节内容便是研究最为适宜的展向网格数,并运用大涡模拟法对三维圆柱绕流及涡激振动进行数值模拟,分析其中的三维效应。

4.1 圆柱绕流计算工况

关于展向网格数对大涡模拟精度的影响,使用的仍然是三维圆柱绕流模型进行研究。模型大体上与 3.2 节中所介绍的圆柱模型相同,并采用 Simple $(1,1,8)$ 的并行计算方法。计算域的范围为 $-8D{<}X{<}32D$,$-8D{<}Y{<}8D$,$-\pi D{<}Z{<}\pi D$(三维工况),只是改变展向网格层数,分别取 $1\sim64$,完成数值模型的建立,具体如表 4.1 所示。需要说明的是,对于 1 号工况,展向网格层数为 1,相当于二维工况,其模型展向的厚度为 1 层网格的厚度,对于其他三维工况,为了充分体现三维效应,展向的厚度均为 $2\pi D$。同样,为了保证大涡模拟的精度,离散格式均为高阶格式,并且时间步长同样按照在整个数值模拟过程中令最大库朗数小于 0.2 的原则选取。

表 4.1　不同展向层数网格具体参数

编号	展向网格层数	展向网格厚度/m	网格总数
1	1 层(二维)	0.628	23 640
2	16 层	0.039	378 240
3	32 层	0.019	756 480
5	48 层	0.013	1 134 720
6	64 层	0.010	1 512 960

4.2 圆柱绕流计算结果分析

在本节内容中,运用大涡模拟法,分别对不同展向网格层数的(1~6 号网格模型)三维圆柱绕流数值模型进行计算,对升力与阻力系数、St 数等参数以及尾流形态等进行对比和分析,以探究展向网格数对大涡模拟精度的影响,雷诺数的范围为 3 200～12 800。此外,考虑到实际实验测量的大都是整体的数据,在这部分的数值模拟中,升力与阻力系数、St 数等参数,取的都是整个圆柱上的平均值[65]。

4.2.1　圆柱绕流阻力系数

图 4.1 所示为具有不同展向网格层数的三维圆柱绕流模型,其平均阻力系数计算结果随雷诺数变化的关系图。为了验证数值模拟的精度,将 Zdravkovich[66] 的实验结果也绘于图中作为参照。

从总体上看,在本书规定的雷诺数范围内,在展向网格层数不同的情况下,圆柱的平均阻力系数数值模拟结果大体上都随着雷诺数的增大而略微增大,整体趋势与实验相符。但各工况下的阻力系数具体值存在显著差异,尤其是 1 层展向网格(二维)的工况,与实验值的差异特别明显。在二维工况中,平均阻力系数约为 1.5,明显大于实验值(1～1.2),差异显然已经超出了正常的数值模拟误差范畴,说明在数值方法上存在本质性的错误。

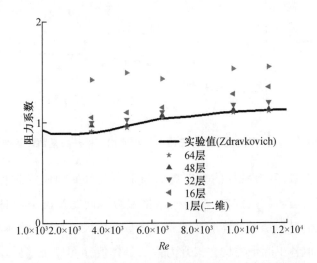

图 4.1　不同展向网格层数三维圆柱绕流阻力系数计算结果

此外,通过关注在相同雷诺数、不同工况下的平均阻力系数的计算结果可以发现,随着展向网格层数的增加,圆柱的平均阻力系数数值模拟结果逐渐减小,但减小的幅度逐渐降低。从图上可以直观地看出,在展向网格层数从 1 增加到 48 的过程中,计算结果的差异相对来说较为明显,而对于展向网格层数为 48 层与 64 层这两种网格工况,其平均阻力系数数值模拟结果之间的差异非常小,并且两者的结果与实验值吻合得较好。由此可以判断出,对于三维圆柱绕流,要想得到较为精确的平均阻力系数模拟结果,展向网格数应当大约大于 48,否则会导致数值模拟结果偏大。

4.2.2 圆柱绕流升力系数

图 4.2 所示为具有不同展向网格层数的三维圆柱绕流模型,其均方根升力系数计算结果随雷诺数变化的关系图。为了验证数值模拟的精度,将 Norberg[67] 的实验结果也绘于图中作为参照。

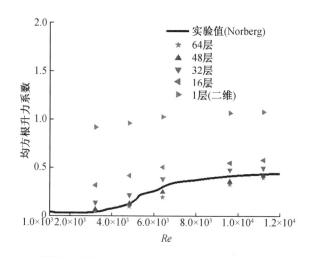

图 4.2 不同展向网格层数三维圆柱绕流均方根升力系数计算结果

从总体上看,升力系数的响应规律与阻力系数的响应规律有一些相似。在本书规定的雷诺数范围内,在展向网格层数不同的情况下,圆柱的均方根升力系数数值模拟结果大体上都随着雷诺数的增大而增大,整体趋势与实验结果相符。但各工况下的均方根升力系数具体值存在显著差异,尤其是 1 层展向网格(二维)的工况,与实验值的差异特别明显。在二维工况中,均方根升力系数达到了 1.0 左右,而实验中的均方根升力系数的结果均不超过 0.5,差异显然已经超出了正常的数值模拟误差范畴,说明这一工况在数值方法上存在本质性的错误。

此外,通过关注在相同雷诺数、不同工况下的均方根升力系数的计算结果可以发现,随着展向网格层数的增加,圆柱的均方根升力系数数值模拟结果逐渐减小,但减小的幅度逐渐降低。从图4.2中可以直观地看出,在展向网格层数从1增加到48的过程中,计算结果的差异相对来说较为明显,而对于展向网格层数为48层与64层这两种网格工况,其均方根升力系数数值模拟结果之间的差异非常小,并且两者的结果与实验值吻合得较好。由此可以判断出,对于三维圆柱绕流,要想得到较为精确的均方根升力系数计算结果,展向网格数应当大约大于48,否则会导致数值模拟结果偏大。

4.2.3 圆柱绕流升力系数 St 数

图4.3所示为具有不同展向网格层数的三维圆柱绕流模型,其 St 数计算结果随雷诺数变化的关系图。为了验证数值模拟的精度,将 Norberg[67] 的实验结果也绘于图中作为参照。

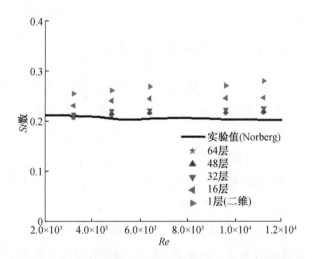

图4.3 不同展向网格层数三维圆柱绕流 St 数计算结果

由图4.3可知,在本书规定的雷诺数范围内,在展向网格层数不同的情况下,圆柱的 St 数数值模拟结果大体上保持不变,整体趋势与实验结果相符。但各工况下的 St 数具体值存在显著差异,尤其是1层展向网格(二维)的工况,与实验值的差异特别明显。在二维工况中,St 数约为0.25,且随着雷诺数的增大而呈略微增大的趋势,而实验中 St 数的结果稳定在0.2左右,两者差异较大,显然已经超出了正常的数值模拟误差范畴,说明这一工况在数值方法上存在本质性的错误。

此外,通过关注在相同雷诺数、不同工况下的 St 数计算结果可以发现,随着展向网格层数的增加,圆柱的 St 数的数值模拟结果逐渐减小,但减小的幅度逐渐降低。从图 4.3 中可以直观地看出,在展向网格层数从 1 增加到 48 的过程中,计算结果的差异相对来说较为明显,而对于展向网格层数为 48 层与 64 层这两种网格工况,其 St 数数值模拟结果之间的差异非常小,均为 0.2 左右,与实验值吻合得较好。由此可以判断出,对于三维圆柱绕流,要想得到较为精确的 St 数计算结果,展向网格数应当大约大于 48,否则会导致数值模拟结果偏大。

综合升力系数、阻力系数与 St 数的分析可以得知,当展向网格数大约大于 48 时,大涡模拟法能在较大的雷诺数范围内获得较高的计算精度,对于雷诺数较低(尾流场为非完全湍流)以及雷诺数较高(尾流场为湍流)的情况,都能获得较好的计算结果,验证了大涡模拟法具有较强的普适性。

4.2.4　圆柱绕流升力、阻力系数历时曲线

上文中所分析的升力系数、阻力系数、St 数等参数,主要是对数值模拟的结果进行一个总体分析,对于流场的细节信息揭示得相对较少。为了对数值模拟的过程及细节信息进行把握,常用的方法是对数值模拟过程中的升力、阻力系数的历时曲线进行分析。本书选取了雷诺数 $Re = 6\,400$ 时(对应于最大振幅附近),网格层数分别为 1 层(二维)、32 层与 64 层的大涡模拟法下的升力与阻力系数的历时曲线,如图 4.4 所示。此外,为了研究三维效应的影响,将 SST 湍流模型的二维圆柱绕流升力、阻力系数计算结果也绘于图中进行对比[基于雷诺平均法的湍流模型(包括 SST 模型),一般基于二维工况进行推导以及参数拟合,通常用于二维流场的数值模拟]。

首先从整体上观察,可以发现在 1 层网格大涡模拟法以及雷诺平均法的二维模型计算结果中,升力系数与阻力系数的历时曲线在稳定阶段都呈现周期性震荡且振动频率单一,不存在"拍现象"。而网格层数为 32 层以及 64 层的大涡模拟法下的升力系数与阻力系数的历时曲线明显不存在周期性,每个周期的最大振幅均发生改变,可以观察到明显的"拍现象"。此外,在网格层数为 64 层的工况中,升力系数与阻力系数的不规则性更加明显,对于网

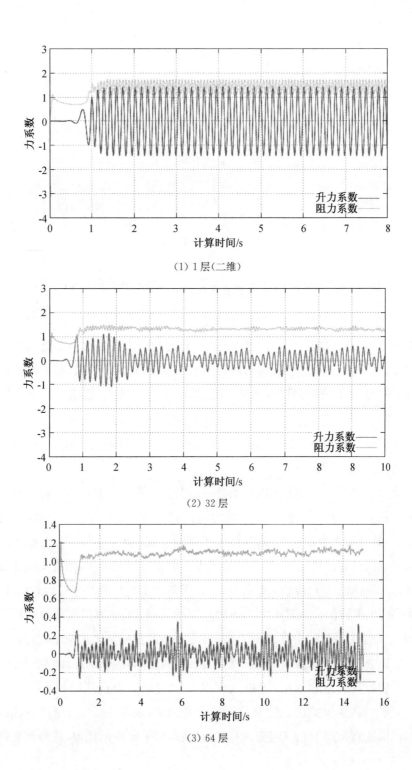

（1）1 层(二维)

（2）32 层

（3）64 层

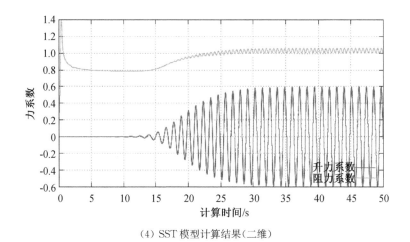

（4）SST 模型计算结果（二维）

图 4.4　不同工况下的圆柱绕流升力、阻力系数历时曲线（$Re=6\ 400$）

格数为 32 层的工况,升力与阻力系数基本关于均值呈现出对称性,即在均值上下波动,而在网格数为 64 层的工况中,升力与阻力系数存在多处偏离均值的情况,"拍现象"更加明显。由此可以判断出,对于二维工况,即 1 层网格的大涡模拟与 SST 模型的计算结果,无法体现出三维效应,忽略了流层之间的相互影响,因此无法捕捉实际涡激振动中三维效应引起的非线性特性[68]。三维的大涡模拟能够捕捉圆柱绕流中的三维特性,但当展向网格数不足时,对三维特性的把握不充分。

重点观察图 4.4 中不同网格条件下的升力与阻力系数的幅值以及阻力系数的均值大小,可以发现,对于二维大涡模拟工况,无论是阻力系数的均值、振幅,还是升力系数的振幅,都明显大于其他工况,即使是与同为二维工况的雷诺平均法计算结果相比,依然明显偏大。由此可以判断出,当展向网格数过少时,大涡模拟法会产生较大的误差,并且误差的主要来源并非三维效应,而是方法层面出现错误。随着展向网格数从 1 增加到 64,在大涡模拟的计算结果中,无论是阻力系数的均值、振幅,还是升力系数的振幅都出现减小的趋势。在这一过程中,除了三维效应的逐步增强,还伴随着计算误差的逐渐减小。

产生计算误差的原因,可以从大涡模拟的模型表达式中找到。如公式(3-6)所示,大涡模拟法在计算湍动能的耗散时,还考虑了 z 方向的耗散,将大涡模拟法直接用于二维网格计算时,直接忽略了 z 向的耗散,使得在数值模拟中,湍动能的耗散速度显著小于实际值,因此令整体流场中的湍动能过大,造成升力、阻力等值的偏大。当展向网格数不足时,虽然在计算中考虑了 z 向的湍动能耗散,但由于 z 向网格层数过少,节点数量不够,无法准确模拟 z 向的流动规律,还是不能充分计算出湍动能的耗散,因此整体流场中的湍动能依然偏大,造成升力、阻力等值的偏大。

对于数值模拟网格的布置,一般需要同时考虑数量与尺寸这两个因素[69]。综合上文的分析,对于圆柱分离流场的大涡模拟仿真计算,要想获得足够的精度,较为充分地计算 z 向湍动能的耗散,使得计算结果相对精确,除了需要满足展向的长度与网格尺寸满足特定的要求之外,展向网格层数应当至少大于 48 层。

4.2.5　圆柱绕流尾涡形态

对于三维的圆柱绕流模型,三维效应也是比较值得关注的点,尾涡形态是反映三维效应较为直观的物理量。图 4.5 所示为 $Re = 6\,400$ 时,三维(大涡模拟法)与二维(雷诺平均法)圆柱绕流的涡量图。其中,三维形态所使用的是 48 层网格的大涡模拟计算结果,取 5 个典型截面上的尾流场涡量图;而二维形态采用的是改进 SST 湍流模型的计算结果。

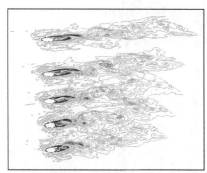

图 4.5　圆柱绕流尾流场涡量图

从整体上看,无论是在三维还是二维工况中,尾涡模式都表现为 2S 模式,但在细节上还是可以发现较为明显的差异。首先,在三维工况中,尾流的回流长度明显大于二维工况,具体表现为在三维工况中,脱落的尾涡向后方流场延伸得更长。此外,在三维工况中,可以发现明显的不同步性,即旋涡脱落的状态在每个截面并非完全同步,这也预示着在同一时刻,升力与阻力沿着圆柱展向的分布也存在一定的差异,因此可能出现相互抵消的情况,造成圆柱整体的升力与阻力减小。因此,除了计算误差外,三维效应的不充分也是造成二维以及展向网格数不足的模型升力与阻力的计算结果偏大的原因之一。另外还可以发现,在三维工况中,尾流场更加紊乱,特别是在离圆柱稍远处的尾流场中,尾涡的形态较为复杂,2S 模式的特征不如二维工况明显,甚至还能发现类似 2P 模式的尾涡形态。

为了更加直观地考察尾涡特性,将三维圆柱绕流尾流场整体的瞬时涡量等值云图绘于图 4.6 中。同样,浅色表示的是正涡量;深色表示负涡量。

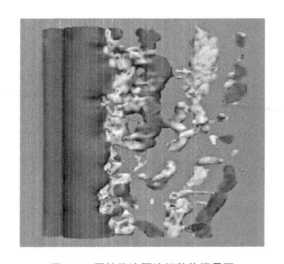

图 4.6　圆柱绕流尾流场整体涡量图

从图 4.6 中可以看出,除了常见的卡门涡街,即向后方移动的旋涡之外,在三维工况中,还可以观察到沿着圆柱展向方向移动的涡。另外,由于各截面的旋涡脱落不同步,可以明显观察到图中涡管存在倾斜的状况。这与文献[70]中所描述的三维涡管的特征相符,而这些特征在二维数值模拟中是无法体现的。

4.3　涡激振动大涡模拟

在上文中已经验证,对于本书中的圆柱模型,当展向网格层数大约大于

48时,大涡模拟法对绕流流场的计算在较宽的雷诺数范围内都具有较高的精度,因此,将展向网格数目设置为48层是最为经济合理的。在这一小节中,将要对三维低质量阻尼比圆柱的涡激振动进行大涡模拟计算,并将三维结果与二维模型计算结果进行对比。考虑到在海洋工程中,实际的立管多为低质量比与低阻尼比柱形结构,因此本书主要对低质量阻尼比圆柱的涡激振动进行数值模拟。大涡模拟法的计算对象为在文献[13]的实验中所用到的圆柱,具体参数如下:圆柱直径 $D=0.0381\text{m}$,质量比 $m^*=2.6$,质量阻尼比 $m^*\xi=0.013$(ξ 为阻尼比),圆柱在静水中的振动固有频率 $f_n=0.4\,\text{Hz}$。

4.3.1 涡激振动网格模型

涡激振动数值模拟所使用的网格如图 4.7 所示。网格坐标系的定义如下:将中截面处的圆心设为坐标系的原点;x 轴的正方向为顺着来流的方向;y 轴的方向为垂直于入流的方向;z 轴的方向为圆柱的展向方向。整体计算域的范围为:$-12D<x<25D$,$-12D<y<12D$,$-\pi D<z<\pi D$,为了确保数值模拟的精度,z 方向的厚度取为 48 层网格,总网格数为 1 891 200。

每层网格的网格划分方式为:圆柱周围三倍直径的区域范围内采用"O型"网格,其他的计算区域采用六面体网格。随着雷诺数的增加,适当地增加网格的密度。对于本书所使用的"大涡模拟 WALE 模型",不需要使用壁面函数,但为了保证计算精度,必须确保在整个计算过程中(包括振动网格变形后)贴着壁面第一层网格的厚度始终满足 $y^+<1$。

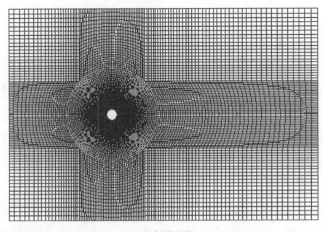

(a) 每层网格

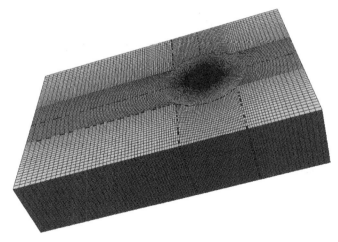

(b) 整体网格

图 4.7　三维圆柱涡激振动网格模型

边界条件设置为：入口定义为均匀来流（自定义流入速度），圆柱表面定义为无滑移壁面（No-slip wall），出口定义为静压力等于零（Hydrostatic pressure＝0），其余边界均定义为对称边界（Symmetric）。

时间步长的确定依据同样为保证整个计算过程中的库朗数均小于 0.2。

为了提升计算效率，对该数值模拟采用并行计算。参考第 4 章对并行计算子计算域划分方式的研究，对该圆柱涡激振动三维模型采用"Simple(1,1,8)"的并行方法，即将整体计算域沿 z 轴方向均匀切分为 8 个子计算域，并运用 8 个处理器同时对其进行并行计算。

4.3.2　涡激振动最大振幅响应

大涡模拟法的圆柱涡激振动横流向最大振幅计算结果以及相应的实验结果如图 4.8 所示。此外，将雷诺平均法的 SST 湍流模型的计算结果也绘于图中，以比较两种湍流模型的精度。其中，横坐标表示的是来流的约化速度，纵坐标表示的是对应约化速度下的横流向最大无量纲振幅，即横流向最大振幅与圆柱直径的比值。

从图 4.8 中可以直观地看出，大涡模拟法得到的数值模拟结果与实验值非常接近，明显比雷诺平均法的 SST 模型具有更高的精度，特别是在雷诺数

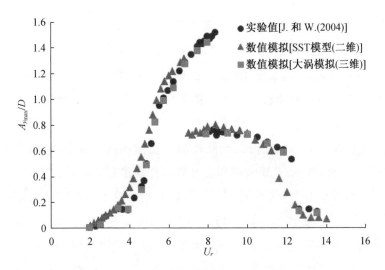

图 4.8　圆柱涡激振动横流向最大无量纲振幅

较低的区域、上端分支区域以及最大振幅附近最为明显。

在约化速度为 $4\sim6$,对应于雷诺数在 $3000\sim5000$ 的范围内,SST 模型的振幅计算结果明显大于实验值。综合上文的分析,可以得出其具体原因大致有两点:首先,对于 SST 模型,本质原理是在近壁面运用 k-ω 模型,在远壁面运用 k-ε 模型,而 k-ε 中的经验参数是通过各向同性高雷诺数湍流实验拟合得到,因此对于雷诺数较小的情况、尾流场中并非完全湍流的工况,运用 SST(k-ε)湍流模型必然会导致湍动能过大,使得尾流场中涡的强度偏大,因此涡分离时产生的压力差也偏大,从而导致升力系数的偏大;其次,在二维模型中,忽略了三维效应,使得总体的升力值偏大(具体分析见 4.2.5)。在此雷诺数范围内,大涡模拟法的结果较为精确。由此可见,大涡模拟法采用的亚格子模型可以对不完全湍流的流场进行较为精确的预测。

在最大振幅附近,SST 模型对于上端分支与下端分支之间跳跃点的计算存在较大偏差。在计算结果中,上下端分支的跳跃点在 $U_r=6.8$ 左右;而在实验中,上端分支与下端分支的跳跃点在 $U_r=8.5$ 左右;在大涡模拟法计算的三维工况中,分支的跳跃点在 $U_r=8.1$ 左右,相较于二维工况,明显与实验结果更加接近。在雷诺平均法的二维模型计算结果中,存在的分支跳跃点所对应的约化速度与三维工况差异较大的原因将在后面的章节中进行更详细的研究。

此外,针对约化速度较大,即雷诺数相对较大的工况,对应为完全湍流的尾流场,大涡模拟法的计算结果也更加精确。尤其在图 4.8 中 $U_r = 10 \sim 13$ 的范围内,SST 湍流模型(二维)的最大振幅计算结果明显偏小,大涡模拟法(三维)的计算结果与实验值较为接近。由此可以得出,在本书所取的雷诺数范围内,大涡模拟法所使用的亚格子模型,无论是对不完全湍流还是完全湍流的流场,都能较为精确地把握湍动能耗散以及流场的三维效应,具有较高的精度以及普适性;而 SST 湍流模型在计算圆柱涡激振动时,存在相对较大的误差。其中,对于不完全湍流的流场,误差主要来源于根据完全湍流的流场所拟合的湍流模型的经验参数。当雷诺数较小时,尾流场中并未形成完全湍流,若采用适用于完全湍流的(SST 远壁面)湍流模型必然会导致湍动能过大,这也是雷诺平均模型的局限性所在。而对于完全湍流的流场,造成误差的原因更加复杂,在后面的章节中将具体分析。

4.3.3 涡激振动频率响应

图 4.9 所示为在不同约化速度下,采用大涡模拟法计算的横流向振动频率比($f^* = f_y / f_n$)的变化趋势。其中,f_y 是圆柱的横流向振荡频率,f_n 是圆柱在静水中的振动固有频率。需要说明的是,在某些约化速度下,横流向振动有可能出现多个频率现象[71],此时只考虑主要频率。此外,将相对应的 SST 模型(二维)的计算结果以及实验结果也绘于图 4.9 中作为对照。

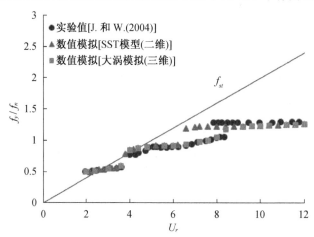

图 4.9 不同约化速度下横流向振动频率比

从图 4.9 中可以看出,两种数值模拟法都成功模拟出了 3 个频率响应分支,并且 3 个频率响应分支所对应的约化速度区间与振幅响应中各自对应的区间相同。在频率值的计算上,无论是大涡模拟法还是雷诺平均法,两种模型计算的结果总体上与实验值吻合得较好,除了在上端分支与下端分支之间的跳跃点位置的计算上,SST 湍流模型存在相对较大的误差。

除了分支跳跃点的位置之外,在其他约化速度下,两种湍流模型的数值模拟结果差异非常小,并且与实验值非常接近。根据上文的分析,二维的雷诺平均方法对升力、阻力以及振幅等参数的计算会产生相对较为明显的影响,但由图 4.9 可知,这些误差对振动频率或者旋涡脱落的频率几乎没有影响。由此可见,整体振动频率的计算相对来说较为简单,三维效应以及数值误差也许会对频率分量的计算产生影响,但对整体的主振动频率影响较小。

4.3.4 涡激振动轨迹响应

根据上文的分析,对于低质量比圆柱的涡激振动,其数值模拟差异最显著的区域处于最大振幅附近。为了揭示更多的信息用以研究其具体原因,可对最大振幅附近的轨迹进行分析。图 4.10 所示的是两种湍流模型最大振幅附近的轨迹计算结果,以及对应的实验轨迹结果。

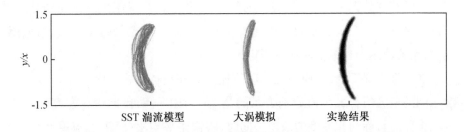

图 4.10　最大振幅附近圆柱运动轨迹

从图 4.10 中可以看出,3 个尾涡轨迹总体上都呈现为"新月形",之间的差异主要体现在"高度"与"宽度"上。从高度上来说,SST 湍流模型的轨迹计算结果"最矮",最大高度大约只有 $1.4D$;大涡模拟的轨迹计算结果最大高度约为 $1.45D$;而实验结果达到了 $1.5D$ 左右。轨迹的高度与图 4.8 所示的横流向最大振幅对应,具体原因在此处不再分析。另外可以发现,改进 SST 模型的轨迹计算结果略微宽于其他两个轨迹,由此可以说明,在 SST 湍流模型的计算结果中,旋涡的分离点更加靠后,使得由旋涡脱落产生的压力差在横流向的分量更小,而在顺流向的分量更大,从而造成了横流向的振幅偏小,而顺流向的振幅相对偏大。造成分离点靠后的原因,一方面可能来源于数值方法的计算误差,另一方面可能来源于三维效应的缺失。

综合上文中的升力、阻力系数历时曲线,尾涡形态以及轨迹分析,可以得出以下结论:在计算圆柱绕流以及涡激振动类的问题时,大涡模拟法对于振幅、频率以及分离点的计算比雷诺平均法具有更高的精度。此外,大涡模拟法在三维工况中,由于考虑了 z 向的脉动传输,整个流场将变得更加复杂,具体表现为:升力与阻力系数,由二维中较为规则的正弦曲线形式的波动形式,变为无规则的多频率的波动;尾流场中,由相对规则的卡门涡街,变为非同步的、有垂向运动涡的,甚至多种尾涡模式并存的紊乱流场。

4.3.5　数值模拟消耗时间

虽然使用了并行计算并对网格模型进行了优化,将大涡模拟法计算所消耗的时间降低到可以实现的范围内,但由于本身计算量巨大,与雷诺平均法相比,耗时仍然较长。在实验中,本章的计算工况所对应的约化速度指的是加速工况中稳定阶段的约化速度,即速度从 0 逐渐增加到目标值,然后保持恒定。为了节省计算时间,在本书中的每个约化速度下,涡激振动响应的计算方法为接着上一个(较小)约化速度工况中加速阶段末尾的时刻,继续增大流速,直至流速达到目标值后保持恒定。

在典型工况下,大涡模拟法的数值模拟时间消耗如表 4.2 所示,其中,速度区间的最大值与最小值分别表示的是上一个工况的目标约化速度的取值与本工况的目标约化速度的取值。同时,将雷诺平均法(SST 湍流模型)计算对应工况(二维)的总耗时也列于表 4.2 中作为对照。

表 4.2　大涡模拟法与雷诺平均法所消耗的时间

速度区间	数值模拟方法	迭代时间/s	计算消耗时间/天
$U_r = 3 \sim 3.5$	大涡模拟法	10	15.40
	雷诺平均法	30	0.80

速度区间	数值模拟方法	迭代时间/s	计算消耗时间/天
$U_r = 3.5 \sim 4$	大涡模拟法	10	16.20
	雷诺平均法	30	0.82
$U_r = 4 \sim 4.5$	大涡模拟法	10	16.40
	雷诺平均法	30	0.82

从表 4.2 中可以看出,尽管使用了并行计算,大涡模拟法完成每个工况所需的计算时间为 15～16 天,若要用一台计算机完成 20 个左右工况的计算,则需要耗费 1 年左右的时间。当前的计算效率可以满足对个别工况的大涡模拟计算,以研究其流场细节,但在实际工程中,结构的尺寸更大,所需的网格数量更多,并且需要计算的工况也更多,因此需要耗费更多计算时间,这对于设计者来说是难以接受的。反观雷诺平均法,完成一个工况的计算任务所需要的时间不到一天,约为大涡模拟法计算时间的二十分之一,在计算速度上具有明显的优势。

4.4 本章小结

本章主要研究了涡激振动中的三维效应,三维效应的具体表现包括:升力与阻力系数的历时曲线变得更加多频且无规则;尾流回流长度更长,各截面的泄涡不同步,并且还有垂向移动的涡;尾流场更加紊乱,甚至出现多种尾涡模式。与此同时,通过三维圆柱绕流的模拟,研究了展向网格层数对大涡模拟精度的影响:首先,分别对展向网格层数为 1 层、16 层、32 层、48 层与 64 层的圆柱绕流模型进行大涡模拟计算,通过阻力系数、升力系数、St 数以及尾涡形态等参数的对比,研究展向网格数的影响;随后运用大涡模拟法对三维圆柱涡激振动进行计算,重点研究了振幅、频率、轨迹等参数,并将结果与雷诺平均法(二维)计算结果进行对比。主要得到了以下结论:当展向网格数过少时,大涡模拟法会产生较大的误差,使得升力系数、阻力系数以及 St 数的数值偏大,且三维效应的体现不充分,造成误差的主要原因是 z 向网格层数过少,节点数量不够,无法准确模拟 z 向的流动特征以及湍动能的耗散。为了使得大涡模拟法获得较高的精度,较为充分地计算 z 向的湍动能的耗散,使得计算结果相对精确,除了需要满足展向的长度与网格尺寸满足特定的要求之外,展向网格层数应当至少大于 48 层。

此外,虽然大涡模拟法对于圆柱绕流以及涡激振动的计算具有相对较高的精度,并且通过并行计算以及控制网格数量的方法可以有效降低其计算消耗的时间,但在工程上,其计算速度仍然不处于可接受的范围。

第 5 章

剪应力输运湍流模型湍动能
生成项的修正

　　根据上章内容的分析可知,虽然通过并行计算以及控制网格数量的方法可以有效降低大涡模拟法在(三维)圆柱涡激振动数值模拟时的计算时间,使其可以被用于涡激振动机理的研究,但计算一个简单的涡激振动工况仍然需要半个月左右的时间,难以将其应用到工程实际;而雷诺平均法在计算速度上优势明显。基于雷诺平均法的湍流模型,一般是基于二维工况进行参数拟合,通常用于二维流场的数值模拟,是当前工程中最常用的数值模拟方法之一。其中,结合 k-ε 与 k-ω 模型[72]优势的 SST(剪应力输运)湍流模型[73]的综合性能较好,应用较为广泛。尽管如此,标准的 SST 模型在计算低质量阻尼比圆柱涡激振动响应时,存在一定的缺陷,会产生相对较大的误差。误差主要集中在三个部分:首先,当雷诺数较小时,计算结果往往振幅偏大;其次,对于涡激振动锁定阶段,振幅偏小;最后,在最大振幅附近,旋涡分离点偏后,上端分支与下端分支之间的跳跃点提前。其中,根据上文中的分析,雷诺数较小时的计算误差是由用根据完全湍流流场实验结果所拟合的经验参数来计算非完全湍流流场造成的,与后两者不同。

　　本章主要研究三维效应的缺失对二维涡激振动数值模拟结果的影响,采用的数值模拟方法为雷诺平均法。在此之前,必须先对雷诺平均法在计算涡激振动时存在的缺陷进行有针对性的改进。考虑到在实际工程中雷诺数往往较大,并且设计者往往更关注锁定阶段的涡激振动响应,因此本章重点针对锁定区域的计算误差,对湍流模型进行有针对性的改进,并通过圆柱绕流以及涡激振动的算例对改进模型的精度进行验证。在验证精度的同时,研究由三维效应的缺失所造成的影响。

5.1 标准 SST 湍流模型

SST 湍流模型的主旨:充分结合 $k\text{-}\omega$ 湍流模型考虑到湍流剪应力的传播、适用于壁面低雷诺数的计算,以及 $k\text{-}\varepsilon$ 湍流模型适用于高雷诺数湍流计算的优势,实现从边界层内部的标准 $k\text{-}\omega$ 模型到边界层外部的 $k\text{-}\varepsilon$ 模型的逐渐转变。

5.1.1 流体控制方程

在涡激振动问题中,流体的控制方程一般包括连续方程与动量方程。

(1)连续方程

连续方程体现的是流体运动过程中,满足质量守恒原理,表达式为

$$\frac{\partial \rho}{\partial t} + \frac{\partial(\rho u)}{\partial x} + \frac{\partial(\rho v)}{\partial y} + \frac{\partial(\rho w)}{\partial z} = 0 \tag{5-1}$$

其中:ρ 为流体密度;t 为时间;u,v,w 为速度 U 分别在 x,y,z 方向上的分量。

(2)动量方程

动量方程体现的是流体运动过程中,满足动量守恒定律。经过推导,可得 x,y,z 三个方向上的动量守恒方程,即著名的 Navier-Stokes(N-S)方程:

$$\frac{\partial(\rho u)}{\partial t} + \mathrm{div}(\rho u u) = -\frac{\partial p}{\partial x} + \frac{\partial \tau_{xx}}{\partial x} + \frac{\partial \tau_{yx}}{\partial y} + \frac{\partial \tau_{zx}}{\partial z} + F_x \tag{5-2}$$

$$\frac{\partial(\rho v)}{\partial t} + \mathrm{div}(\rho v u) = -\frac{\partial p}{\partial y} + \frac{\partial \tau_{xy}}{\partial x} + \frac{\partial \tau_{yy}}{\partial y} + \frac{\partial \tau_{zy}}{\partial z} + F_y \tag{5-3}$$

$$\frac{\partial(\rho w)}{\partial t} + \mathrm{div}(\rho v u) = -\frac{\partial p}{\partial z} + \frac{\partial \tau_{xz}}{\partial x} + \frac{\partial \tau_{yz}}{\partial y} + \frac{\partial \tau_{zz}}{\partial z} + F_z \tag{5-4}$$

其中:p 为压强;$\tau_{xx},\tau_{xy},\tau_{xz}$ 为黏性应力 τ 的分量;F_x,F_y,F_z 为微元体上体力。

(3)雷诺平均法

直接求解控制方程较为困难,在雷诺平均法中,将其进行时均匀化处理,即将湍流视为由时均项和脉动项的流动叠加而成,即将流场的瞬时变量 φ 视

为平均变量 $\bar{\varphi}$ 和脉动变量 φ' 的叠加，表达式为

$$\varphi = \bar{\varphi} + \varphi' \tag{5-5}$$

将式(5-5)代入流体控制方程，可得如下时均形式的控制方程。

时均形式的连续方程：

$$\frac{\partial \rho}{\partial t} + (\rho \bar{U}_i) - \rho \overline{u_i u_j} \tag{5-6}$$

时均形式的动量方程：

$$\frac{\partial(\rho u)}{\partial t} + \mathrm{div}(\rho u u) = \mathrm{div}(\mu \cdot grad u) - \frac{\partial p}{\partial x} + \left[-\frac{\partial(\rho \overline{u'u})}{\partial x} - \frac{\partial(\rho \overline{v'u})}{\partial y} - \frac{\partial(\rho \overline{w'u})}{\partial z} \right] \tag{5-7}$$

$$\frac{\partial(\rho v)}{\partial t} + \mathrm{div}(\rho v u) = \mathrm{div}(\mu \cdot grad v) - \frac{\partial p}{\partial x} + \left[-\frac{\partial(\rho \overline{u'v})}{\partial x} - \frac{\partial(\rho \overline{v'v})}{\partial y} - \frac{\partial(\rho \overline{w'v})}{\partial z} \right] \tag{5-8}$$

$$\frac{\partial(\rho w)}{\partial t} + \mathrm{div}(\rho w u) = \mathrm{div}(\mu \cdot grad w) - \frac{\partial p}{\partial x} + \left[-\frac{\partial(\rho \overline{u'w})}{\partial x} - \frac{\partial(\rho \overline{v'w})}{\partial y} - \frac{\partial(\rho \overline{w'w})}{\partial z} \right] \tag{5-9}$$

变量 φ 的输送方程：

$$\frac{\partial(\rho \varphi)}{\partial t} + \mathrm{div}(\rho \varphi u) = \mathrm{div}(grad \varphi) + \left[-\frac{\partial(\rho \overline{u'\varphi'})}{\partial x} - \frac{\partial(\rho \overline{\varphi'v'})}{\partial y} - \frac{\partial(\rho \overline{\varphi'w'})}{\partial z} \right] \tag{5-10}$$

很显然，时均形式的控制方程组不封闭，无法求解。要想求解式(5-6)—式(5-10)所示的控制方程，必须人为添上缺少的方程组，使之封闭，这便是湍流模型。工程中应用较多的是涡黏模型。

在涡黏模型中，根据 Boussinesq 假设，引入涡黏系数（湍动能黏度），将雷诺应力表示为涡黏系数的函数的形式，实现方程组的封闭。根据 Boussinesq

假设,雷诺应力可表示为

$$-\rho\langle u'_i u'_j \rangle = \mu_t \left(\frac{\partial u_i}{\partial x_j} + \frac{\partial u_j}{\partial x_i} \right) - \frac{2}{3} \left(\rho k + \mu_t \frac{\partial u_i}{\partial x_i} \right) \delta_{ij} \qquad (5-11)$$

其中:μ_t 为涡黏系数;u_i 与 u_j 为 i 与 j 方向上的时均速度;δ_{ij} 为 Kronecker 符号[74];k 为湍动能,定义为

$$k = \langle \frac{u'_i u'_i}{2} \rangle = \frac{1}{2} (u'^2 + v'^2 + w'^2) \qquad (5-12)$$

对于雷诺平均法的涡黏模型,计算的关键在于 μ_t,通常通过构造微分方程进行求解,并据此将涡黏模型分为零方程模型、一方程模型与两方程模型。

零方程模型的思路是用线性代数关系式,建立涡黏系数和平均变形率、速度梯度的联系,不使用微分方程,这将导致湍流统计量之间相互关联的历史效应遭到忽略,因此难以求解复杂湍流。

一方程模型的思路是建立新的湍动能(k)与涡黏系数(μ_t)的关系表达式,从而使方程封闭,在实际中应用较少。

两方程模型的思路是把涡黏系数、湍动能及湍动能耗散联系在一起,实现湍流运动微分方程的封闭,并且考虑了部分历史效应,在当前的数值模拟中应用最为广泛。在两方程模型中,应用最广的有 k-ε 模型、Realizable k-ε 模型、RNG k-ε 模型、k-ω 模型以及 SST 模型等。

标准 k-ε 模型引入了湍动能耗散率(ε),建立涡黏系数(μ_t)、湍动能(k)与湍动能耗散率(ε)的方程组。模型中的经验参数通过各向同性高雷诺数湍流实验拟合得到,因此 k-ε 模型主要针对高雷诺数的计算。正因如此,标准 k-ε 模型对于近壁面附近的流场计算效果不佳,特别是难以计算层流和湍流的转捩。此外,对于强逆压梯度、无滑移壁面、强曲率流动以及射流等强旋流动,计算结果具有一定的失真[75;76]。针对这些问题,一些学者提出了改进的 k-ε 模型,如 Realizable k-ε 模型,RNG k-ε 模型等,但仍然存在基于湍流耗散率(ε)建立方程所可能导致的旋涡分离点滞后的问题[75]。

标准 k-ω 模型的主要思路是引入比耗散率(ω),建立涡黏系数(μ_t)、湍动能(k)与比耗散率(ω)的方程组。与 k-ε 模型相比,k-ω 模型较为适合低雷诺数流动的计算,因此对于近壁面的计算精度更高。然而,k-ω 模型也存在对

边界条件具有强敏感性的缺陷,边界条件的微小改变有可能引起数值模拟结果的显著变化。

5.1.2 标准 SST 湍流模型表达式

SST 模型也属于 k-ω 模型的范畴,由于其考虑了剪切应力的传输,从而可以对负压力梯度时的流体运动有较为准确的预测[77],相较于其他雷诺平均湍流模型,SST 模型具有更高的计算精度以及更广的适用范围。SST 模型的原理:根据 ε 和 ω 的关系 $\varepsilon = C_\mu k\omega$,将标准 k-ε 湍流模型的耗散方程转化为以 ω 的形式表示的表达式。然后通过混合函数将其与 k-ω 耗散方程相结合。具体为

涡黏性方程:

$$\nu_T = \frac{a_1 k}{\max(a_1 \omega, SF_2)} \tag{5-13}$$

湍动能(k)方程:

$$\frac{\partial k}{\partial t} + U_j \frac{\partial k}{\partial x_j} = P_k - \beta^* k\omega + \frac{\partial}{\partial x_j}\left[(\nu + \sigma_k \nu_T) \frac{\partial k}{\partial x_j} \right] \tag{5-14}$$

比耗散率(ω)方程:

$$\frac{\partial \omega}{\partial t} + U_j \frac{\partial \omega}{\partial x_j} = \alpha S^2 - \beta \omega^2 + \frac{\partial}{\partial x_j}\left[(\nu + \sigma_{\omega_1} \nu_T) \frac{\partial \omega}{\partial x_j} \right] + 2(1 - F_1)\sigma_{\omega 2} \frac{1}{\omega} \frac{\partial k}{\partial x_i} \frac{\partial \omega}{\partial x_i} \tag{5-15}$$

其中,第二混合函数:

$$F_2 = \tanh^2\left[\max\left(\frac{2\sqrt{k}}{\beta^* \omega y}, \frac{500\nu}{y^2 \omega} \right) \right] \tag{5-16}$$

湍动能(k)的生成项:

$$P_k = \min\left(\tau_{ij} \frac{\partial U_i}{\partial x_j}, 10\beta^* k\omega \right) \tag{5-17}$$

第一混合函数:

$$F_1 = \tanh^4 \left[\min \left[\max \left(\frac{\sqrt{k}}{\beta^* \omega y}, \frac{500\nu}{y^2 \omega} \right), \frac{4\sigma_{\omega 2} k}{CD_{k\omega} y^2} \right] \right] \quad (5\text{-}18)$$

$$CD_{k\omega} = \max \left(2\rho\sigma_{\omega 2} \frac{1}{\omega} \frac{\partial k}{\partial x_i} \frac{\partial \omega}{\partial x_i}, 10^{-10} \right) \quad (5\text{-}19)$$

其中各系数的取值如下：$\alpha_1 = \dfrac{5}{9}$，$\alpha_2 = 0.44$，$\beta = \dfrac{3}{40}$，$\beta^* = \dfrac{9}{100}$，$\sigma_k = 0.85$，$\sigma_{\omega_1} = 0.5$，$\sigma_{\omega 2} = 0.856$。

5.2　湍动能修正 SST 湍流模型

雷诺应力与大尺度脉动密切相关，而大尺度脉动的特性又与流场的边界条件有很大的关系，因此，不存在普适性的雷诺应力封闭模式。换句话说，不存在统一的封闭模式，能对所有的复杂流动都适用[37]。SST 模型也属于雷诺平均模型的范畴，必然也存在着相应的缺陷。SST 模型的本质是近壁面采用 k-ω 模型，外部流场采用 k-ε 模型。k-ω 模型比较适用于内流场、曲率流、分离流及射流，将其应用于本书涉及的涡激振动问题的近壁面流场，效果较好；k-ε 模型的参数是根据无分离湍流流场的实验数据拟合得到的，因此，较适用于无分离、湍流流动的问题，对于强逆压梯度、无滑移壁面、强曲率流动以及射流等强旋流动的计算不精确。

涡激振动的尾流场属于强逆压梯度以及强旋流场，因此，SST（k-ε）模型在尾流场的计算中，必然存在一定的误差。若想得到更为精确的解，必须对原方程进行有针对性的改进。

5.2.1　湍动能的修正方法

在标准雷诺平均湍流模型的建模中，将所有的涡主要假设为两种尺度：一种涡是大尺度涡（Large-scale Eddies），这类涡主要与时均流场发生交互作用，在时均剪切运动的作用下，这类涡从时均流动能中不断吸收能量，维持湍流运动，而其耗散的能量忽略不计；另一种为耗散涡（Dissipative Dddies）或者小尺度涡，这类涡几乎不存在能量的传输，而是通过黏性耗散湍动能。大尺度涡逐级向小尺度涡传递能量而无耗散[37]。

对此，Younis 和 Przulj[78]经过大量实验的谱分析，提出：对于涡激振动这类周期性的分离流场，有额外的能量直接从时均流场传递到大尺度涡中，且能量传递的频率与旋涡脱落的频率相等。因此，为了体现额外的湍动能生成，应当对雷诺平均湍流模型耗散方程中的湍动能生成项进行修正。关于耗散方程的具体形式及物理意义等，可见文献[37]。

根据文献[78]中的推导，对于涡激振动问题，当漩涡产生时，湍动能的生成谱应当改写为

$$E(\kappa,t) = [A^0 + A(t)]\kappa^s \tag{5-20}$$

其中：A^0 为常数；κ 为波数；s 为待定系数；$A(t)$ 是所添加的项，体现的是由旋涡分离造成的、从时均流场传递到大尺度涡的湍动能生成项；在平稳、无分离流动中，$A(t)$ 应当趋于零。

由湍动能（k）与生成谱的关系

$$k = \int_0^\infty E(\kappa,t)\,\mathrm{d}\kappa \tag{5-21}$$

$$\frac{\mathrm{d}k}{\mathrm{d}t} = -\varepsilon \tag{5-22}$$

可以推出在分离流动中，耗散率（ε）的表达式应当为

$$\frac{\mathrm{d}\varepsilon}{\mathrm{d}t} = -C_{\varepsilon2}\frac{\varepsilon^2}{k} - \frac{1}{s+1}\frac{\varepsilon}{A^t}\frac{\mathrm{d}A^t}{\mathrm{d}t} \tag{5-23}$$

根据公式(5-23)，并通过定义 A^t 的表达形式，文献[78]最终得出了对 k-ε 耗散率方程中的系数 $C_{\varepsilon1}$ 进行如下修正（k-ε 湍流模型的具体表达式见参考文献[37]）。

$$C_{\varepsilon1}^* = C_{\varepsilon1}\left(1 + C_t\frac{k}{\varepsilon}\frac{1}{Q+k}\left|\frac{\partial(Q+k)}{\partial t}\right|\right) \tag{5-24}$$

其中：$C_{\varepsilon1}^*$ 为修正后的系数；Q 为时均流场中每个单位体积中的湍动能；C_t 为自定义经验系数。如上文所述，k-ε 模型对于无滑移壁面的计算存在较大误差，尽管文献[78]已经作出了一定的修正，但对于近壁面的处理还是不如 k-ω 模型更为准确。因此，在近壁面采用 k-ω 模型，在外部流场中运用改进的 k-ε

模型是更好的思路。

5.2.2　改进模型表达式

鉴于上述思路,采用 5.1.2 节中所述的标准 SST 模型的推导过程,根据 ε 与 ω 的关系式 $\varepsilon = C_r k\omega$,将改进 $k\text{-}\varepsilon$ 模型的耗散率方程的修正项转化为用 ω 的形式表示的表达式,然后用混合函数 F_1 对改进 $k\text{-}\varepsilon$ 与 $k\text{-}\omega$ 模型的耗散方成进行加权平均,得到比耗散率方程的改进表达式为

$$\frac{\partial \omega}{\partial t} + U_j \frac{\partial \omega}{\partial x_j} = \alpha S^2 - \beta \omega^2 + \frac{\partial}{\partial x_j}\left[(\nu + \sigma_\omega \nu_T)\frac{\partial \omega}{\partial x_j}\right] + 2(1 - F_1)$$

$$\left(\sigma_{\omega 2}\frac{1}{\omega}\frac{\partial k}{\partial x_i}\frac{\partial \omega}{\partial x_i} + \frac{1}{2}R\right) \tag{5-25}$$

式中的 R 为修正项,可以表示为

$$R = \beta' \frac{1}{Q+k}\left|\frac{\partial(Q+k)}{\partial t}\right| P_k \tag{5-26}$$

其中:经验常数的取值为 $\beta' = 0.54$,拟合方法见文献[77]。

为了验证改进的 SST 湍流模型是否在分离流的数值模拟中具有更高的精度,本书选取了圆柱绕流以及低质量阻尼比圆柱涡激振动的算例,分别采用标准与改进后的 SST 湍流模型进行计算,并将计算结果与实验值进行对比。

5.3　圆柱绕流算例验证

本书中的数值模拟使用的是 OpenFoam 软件。充分利用 OpenFoam 软件开源性强的优势,将改进的 SST 模型以代码的形式保存于 OpenFoam 软件湍流模型的目录中,计算时便可以对其进行调用。

5.3.1　圆柱绕流网格模型

圆柱绕流数值模拟所使用的网格模型如图 5.1 所示。坐标系的定义:将圆柱的中心点设为坐标系的原点;x 轴的正方向为顺着来流的方向;y 轴的方

向为垂直于入流的方向；z 轴的方向为圆柱的展向方向。整体计算域的范围：$-6D < x < 20D, -6D < y < 6D$，$z$ 方向的厚度为一层网格，其中 D 为圆柱的直径，取值为 0.1 m。

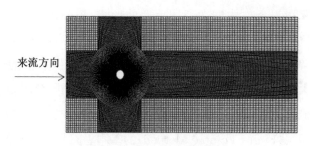

图 5.1　圆柱绕流整体网格

网格划分方式：圆柱周围三倍直径的区域范围内采用"O 型"网格，其他的计算区域采用的是六面体网格。随着雷诺数的增加，适当地增加网格的密度。需特别注意的是，由于近壁面采用的是 k-ω 湍流模型，不需要使用壁面函数，但为了保证计算精度，必须确保贴着壁面第一层网格的厚度满足 $y^+ < 1$。

边界条件设置：入口定义为均匀来流（自定义流入速度），圆柱表面定义为无滑移壁面（No-slip wall），出口定义为静压力等于零（Hydrostatic pressure=0），其余边界均定义为对称边界（Symmetric）。

5.3.2　流场参数离散方法

在对数值模型的流场计算域进行网格划分后，还需要采取一定的数学方法对网格进行离散，进而求解。在数值计算中，常用的离散方法主要有有限单元方法、有限差分法以及有限体积法[79]。

有限单元方法（Finite Element Method）的基本思路是将需要求解的计算域划分成独立的、有限的小单元，并将各单元的节点作为插值点，构造插值函数。将微分方程中的变量改写成由各变量或其导数的节点值与所选用的插值函数组成的线性表达式。随后，根据变分原理和加权余量法，对需要求解的微分方程进行数值求解[80]。有限单元法一般应用于结构力学中的数值计算，在流体力学的数值模拟中应用得不多。

有限差分法（Finite Difference Method）是一种数值求解微分或者积分微

分方程的数学方法,有限差分法的基本思路是将连续的数值模型整体的计算区域用有限个离散点(网格节点)所构成的网格来代替,并用离散点上所构造的离散变量的函数式来近似数值模型整体计算区域中的连续变量的函数,把原定解方程和边界条件中的微商用差商的形式,积分用积分和的形式来近似,达到把原微分方程和近似地转化为代数方程组(有限差分方程组)的目的。通过求解有限差分方程组,可以得到原方程在离散点上的近似解,有限差分法的最大缺陷在于,为了使离散方程满足积分守恒,网格必须非常细密,因此在计算流体力学中的应用受到限制[81]。

有限体积法(Finite Volume Method)的基本思路是将待求的连续计算域划分为独立的、有限的控制体积,并且在每个网格点的周围都应当存在一个控制体积;将待求的微分方程(流体力学中一般为 N-S 方程)对每个控制体积积分,从而得到一组离散方程。网格点上待求变量的值便是离散方程的未知数。在有限体积法中,需要假定变量的值在网格点上的变化规律。有限体积法离散方程的物理意义是变量在控制体积中的守恒原理,所以对于任何变量,在整体计算域上都能满足守恒原理。因此,即便在网格较为稀疏的情况下,通过有限体积法求得的解,仍然能满足守恒定理。

有限体积法具有原理易于理解、求得的解满足守恒定理、对网格密度的需求较低等优点,因而在计算流体力学中被广泛应用。本书中的数值模拟算例采用的求解方法也为有限体积法。其中,各项采用的具体的离散方式:对流项的离散方式采用的是带限制器的线性差分(Total Variation Diminishing)格式;时间项的离散方式采用的是隐式欧拉格式;扩散项的离散方式采用的是线性守恒格式。数值模拟采用的是"PIMPLEFOAM"求解器,对应的求解方法为速度与压力耦合的 PIMPLE(结合 PISO[49]与 SIMPLE[82])法。

5.3.3　圆柱绕流计算结果及分析

本节中,采用改进的 SST 湍流模型,主要对圆柱绕流的升力系数(C_L)、阻力系数(C_D)、St 数、尾流场特性以及圆周表面压力分布等参数进行计算,并与相应的实验结果以及标准 SST 湍流模型的计算结果进行对比,以验证改进湍流模型的性能。

5.3.3.1 升力系数、阻力系数与 St 数

此圆柱绕流算例中,雷诺数范围为 $5\times10^3 < Re < 1\times10^5$,提取圆柱绕流系统稳定阶段的响应数据,进行后处理,得到各雷诺数下的圆柱绕流的升力系数(均方根值,$C_{L,RMS}$)、阻力系数(均值,$\bar{C}_D$)以及 St 数,如表 5.1 所示。

表 5.1 不同雷诺数下的圆柱绕流参数

雷诺数	$\bar{C}_D$		$C_{L,RMS}$		St 数	
	标准 SST	改进 SST	标准 SST	改进 SST	标准 SST	改进 SST
5 000	1.19	1.21	0.27	0.30	0.21	0.21
7 000	1.19	1.21	0.31	0.37	0.21	0.21
10 000	1.20	1.23	0.34	0.42	0.21	0.21
30 000	1.25	1.28	0.44	0.52	0.21	0.21
50 000	1.25	1.30	0.42	0.55	0.21	0.21
70 000	1.25	1.30	0.43	0.53	0.20	0.20
100 000	1.25	1.28	0.41	0.52	0.20	0.20

为了考察计算结果的精确度,分别将标准 SST 与改进 SST 湍流模型的平均阻力系数计算结果与 Zdravkovich[66]实验值以及 Esdu[83]实验值进行对比,如图 5.2 所示。需要说明的是,横坐标表示的是流场速度对应的雷诺数,所使用的为对数刻度,基数为 10(下同)。

由图 5.2 可知,运用改进 SST 湍流模型的圆柱绕流平均阻力系数($\bar{C}_D$)的计算结果比运用标准 SST 模型的计算结果略微偏大。这与改进 SST 湍流模型的改进理论相符:改进 SST 湍流模型在比耗散率方程中,增加了一项额外的湍动能生成项,这将导致尾流场湍动能及旋涡强度的增加,因此,圆柱的前后会产生更大的压力差,体现为阻力的增大。不过,从图 5.2 中可见,这种差异并不明显,基本可以忽略。此外,数值模拟的结果比实验值略微偏大。

两种湍流模型的圆柱绕流 St 数的计算结果与 Norberg[67]实验结果的对比如图 5.3 所示。由图可知,对于 St 数,两种湍流模型的计算结果完全一致,也就是说,通过两种模型计算所得的涡脱落的频率相同。本书在改进 SST 湍流模型的比耗散率方程中所添加的额外能量生成项,其频率与湍动能的变化频率相同,因此,它只是改变了湍动能的能量生成速度或者涡的强度,并不改

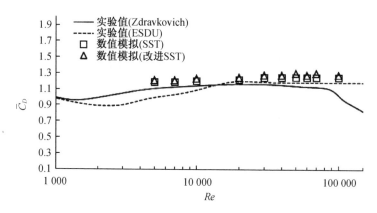

图 5.2 平均阻力系数对比图

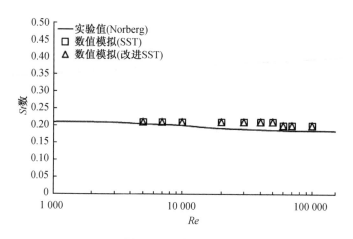

图 5.3 *St* 数对比图

变涡脱落的频率。此外,数值模拟的结果与实验结果吻合得较好,可见数值模拟在泄涡频率的计算上具有较高精度。

图 5.4 为两种模型的圆柱绕流均方根升力系数($C_{L,RMS}$)的计算结果与 Norberg[67] 实验结果的对比图。从总体上看,在本书所计算的雷诺数范围内,两种湍流模型下的圆柱绕流的升力系数数值模拟结果大体上都随着雷诺数的增大而增大,整体趋势与实验相符。但在具体值上存在一定的差异:当雷诺数等于 5 000 左右时,标准 SST 湍流模型与改进 SST 湍流模型的 $C_{L,RMS}$ 的计算结果分别为 0.27 与 0.30,而实验值只约为 0.2,两者均明显大于实验值。由此可见,对于低雷诺数的圆柱绕流,SST 湍流模型无法准确预测其阻力系

数。随着雷诺数的继续增大,当雷诺数大于 10 000 左右时,标准 SST 模型下的 $C_{L,RMS}$ 的计算结果将渐渐变得小于实验结果,这表明当雷诺数较大时,采用标准 SST 湍流模型计算,将会产生较大的计算误差,使得尾流场中旋涡的强度受到抑制,造成升力系数的偏小;改进 SST 湍流模型的计算结果则与实验值更加接近。可见,对于雷诺数较大的情况,在增加了额外的湍动能生成项后,尾流场旋涡的强度提升,计算结果更加精确。

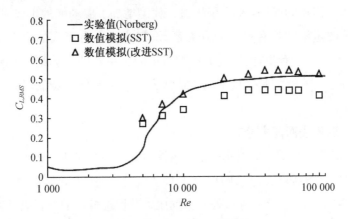

图 5.4　均方根升力系数对比图

　　当雷诺数较小时,两种湍流模型的升力系数的计算结果明显偏大,甚至改进 SST 湍流模型比标准 SST 湍流模型偏差更大,这其实也在情理之中。对于 SST 湍流模型,其本质原理是在近壁面运用 k-ω 模型,在远壁面运用 k-ε 模型,而 k-ε 中的经验参数是通过各向同性高雷诺数湍流实验拟合得到的,因此对于较低雷诺数的情况,尾流场中并非完全湍流的工况,运用 SST(k-ε)湍流模型必然会导致湍动能过大,从而使尾流场中涡的强度偏大,故涡分离时产生的压力差也偏大,导致升力系数偏大。对于改进 SST 湍流模型,还添加了额外的湍动能生成项,使得升力系数更加偏大,但相对来说其偏大的幅度没有雷诺数较大时明显,这是因为当雷诺数相对较小时,尾流场中旋涡的强度较小,基于旋涡脱落而添加的生成项所产生的额外湍动能的生成也相对较小。

　　要想用 SST 湍流模型在较低雷诺数的情况下得到较为精确的结果,可行的方法是修改 SST(k-ε)湍流模型中的系数,但这必然会导致在高雷诺数算例的计算中湍动能偏低,想要获得适用于所有工况的湍流模型表达式几乎是不可能的。对于同一个模型,必须根据不同边界条件的特点选择合适的湍流模型,比如在雷诺数较低时,运用 k-ω 模型进行计算,也许能得到更好的结果。但是,即便是使用不同的湍流模型,在各自适用区间的界定上(如雷诺数为多少时用 k-ω,雷诺数为多少时用 SST)也很难把握。这也是 SST 模型,乃至雷诺平均法的局限性所在。

此外,根据相同原理,改进 SST 湍流模型增加了湍动能的生成,形成更强的涡,使得改进模型具有更大的升力系数,理应也会有更大的阻力系数。然而从图 5.2 中可以看出,两种湍流模型下的阻力系数的计算结果差异并不明显,这也许是由旋涡的脱落点不同所造成的。接下来便对旋涡脱落点进行重点分析。

5.3.3.2 圆周表面压力分布

图 5.5 为 $Re=10\ 000$ 的情况下,两种湍流模型的圆柱表面周向压力系数 C_p 的时均分布图:将前驻点(圆周上正对来流的点)作为起始点,均匀地沿着圆周方向取 48 个点,计算各点处的平均压力数据。各点的位置以其所在的直径与入流方向的夹角表示,由于对称性,只画出 $0\sim180°$ 点的压力信息。同时,将 Norberg[67] 的实验结果作为对照。

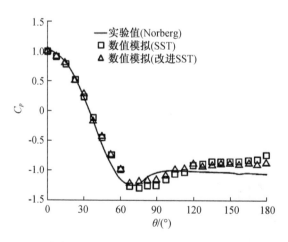

图 5.5　两种湍流模型沿圆柱表面周向的压力系数时均分布图

由图 5.5 可知,改进 SST 湍流模型计算所得的周向压力系数最小值点约在 65°处,此处的压力系数值约为 -1.2,与实验结果较为吻合;而标准 SST 湍流模型计算所得的周向压力系数最小值点约在 70°处,其值约为-1.3,位置和值的大小与实验值相比均有一定的偏差。可以看出,在标准 SST 湍流模型的圆柱绕流数值模拟结果中,边界层的分离点(旋涡的脱落点)的位置会略微偏后,与 4.3.4 节中 SST 湍流模型与大涡模拟法的涡激振动轨迹计算结果分析相吻合,这是由尾流场中旋涡强度偏小造成的。而改进 SST 湍流模型对于分离点的预测相对更加精确。

这也解释了两种湍流模型下的阻力系数计算结果差异并不明显的原因。在标准 SST 湍流模型的数值模拟结果中,旋涡分离点更加偏后,因此由旋涡脱落造成的压力差在顺流向的分量比例更大;相应地,横流向的压力分量比例更小。因此,标准 SST 湍流模型的升力系数计算结果更加偏小,但对阻力系数的大小进行了一定的弥补,与上文中的升力、阻力计算结果吻合。

5.3.3.3 尾流场涡量图

图 5.6 为 Re=100 000 时,两种湍流模型的尾流场等值线涡量图(上为改进 SST 湍流模型,下为标准 SST 湍流模型)。

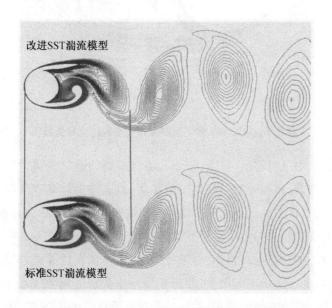

图 5.6 雷诺数为 100 000 时两种湍流模型尾流场等值线涡量图

从尾涡的模式上看,两种湍流模型的计算结果都能清楚地捕捉到 2S 模式尾涡[15],这与圆柱绕流的实验与数值模拟结果[84]均吻合。此外,从图上还可以发现,改进 SST 湍流模型的圆柱绕流尾流的回流长度略大于标准 SST 湍流模型的计算结果,预示着尾流场中旋涡的强度增加,这也验证了根据图 5.4 中所示得出的"改进 SST 湍流模型增加了额外的湍动能生成项,使尾流场旋涡强度提升"这一分析。

5.3.3.4　旋涡分离点位置分析

为了考察改进模型对旋涡分离点的计算精度,分析 $Re=6\ 400$ 以及 $Re=100\ 000$ 时的改进 SST 湍流模型的圆柱绕流尾流场流线图,如图 5.7 所示。

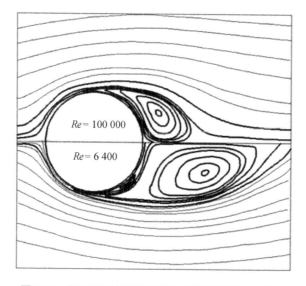

图 5.7　改进 SST 湍流模型的圆柱绕流尾流场流线图

从图 5.7 中可以看出,在改进 SST 湍流模型的圆柱绕流计算结果中,随着雷诺数的增大,流场分离点略微向前移动,但总体上分离点的位置在 90° 左右。此外,随着雷诺数的增大,尾流区的回流长度明显减小。分离点位置与回流长度的变化规律与实验结果[67]吻合得较好。

综合以上的分析可以得出:标准 SST 湍流模型在计算圆柱绕流时,当雷诺数较大时,会产生一定的误差,使得尾流场中旋涡脱落强度小于实际值,从而造成阻力与升力系数的偏小,并导致分离点后移。改进 SST 模型增加了额外的湍动能生成项,能在一定程度上改善上述问题,可以得到较为精确的升力、阻力、流场压力分布以及分离点的计算结果。但是对于雷诺数较低的情况,SST 湍流模型的自身缺陷会造成流场中湍动能的强度过大,最直观的是使得升力系数的计算结果显著大于实验值。

5.4　涡激振动算例验证

改进 SST 湍流模型在圆柱绕流数值模拟算例中的性能,已经在上一节中得到了验证,本节的主要目的是验证改进 SST 湍流模型在涡激振动数值模拟中的性能。在本节中,涡激振动数值模拟的对象与上一章中大涡模拟法的计算对象相同,都是低质量阻尼比圆柱。

对于低质量阻尼比的圆柱涡激振动实验,较有代表性的是 Jauvti 与 Willianson[13]的实验。在该实验中,质量比 $m^* = 2.6$ 的圆柱的单自由度涡激振动横流向最大振幅为 $1.0D$ 左右;双自由度横流向最大振幅达到了 $1.5D$ 左右,并且在双自由度圆柱的最大振幅附近,还观察到了 2T 模式的尾涡。

不少学者运用雷诺平均法对该算例进行过数值模拟。谷家扬等[85]运用标准 SST 湍流模型对该算例的双自由度工况进行了数值模拟,在其数值模拟结果中,横流向最大振幅只有不到 $0.9D$,与实验结果($1.5D$)相差甚远,并且未能捕捉到 2T 模式的尾涡;林琳等[86]分别用 RNG k-ε 湍流模型[87]和标准 SST 湍流模型对该实验单自由度的工况进行了数值模拟,其结果显示,标准 SST 模型的计算结果要优于 RNG k-ε 模型,然而横流向的最大振幅只有 $0.7D$ 左右,明显小于实验结果($1.0D$);曾攀等[88]分别运用标准 k-ω、标准 SST、RNG k-ε 和 Realizable k-ε[72]这 4 种湍流模型对该实验的单自由度工况进行了数值模拟,从他的数值模拟结果来看,Realizable k-ε 湍流模型的计算结果相对来说更加准确,但是其横流向最大振幅也只有 $0.85D$ 左右,低于实验值,并且在上端分支中未能观察到 2P 模式尾涡,与实验结果相差较大。

由此可见,标准的雷诺平均湍流模型在计算低质量阻尼比圆柱涡激振动时,会产生一定的误差,并且误差最直观地体现在横流向最大振幅以及尾涡模式上。针对上述情况,在本节中依旧选取文献[13]的实验作为算例,重点考察横流向最大振幅以及尾涡模式,对改进 SST 湍流模型的性能进行验证。

5.4.1　结构控制方程

圆柱涡激振动的结构控制方程采用的是双自由度的弹簧-阻尼质量系统

控制方程。圆柱在横流与顺流向的振动方程可以表示为

$$(m+m_a)\ddot{y}+c\dot{y}+ky=F_y \tag{5-27}$$

$$(m+m_a)\ddot{x}+c\dot{x}+kx=F_x \tag{5-28}$$

其中:x 与 y 分别表示顺流向与横流向的位移;$\dot{x}$ 与 $\dot{y}$ 分别表示顺流向与横流向的速度;$\ddot{x}$ 与 $\ddot{y}$ 分别表示顺流向与横流向的加速度;m 为质量;m_a 为附加质量;c 为系统阻尼系数;k 为弹簧刚度;F_x 与 F_y 分别表示阻力与升力。

5.4.2 数值模拟参数

数值模型的建立参照文献[13]的实验参数:圆柱直径 $D=0.038\,1$ m;质量比 $m^*=2.6$;质量阻尼比 $m^*\xi=0.013$(ξ 为阻尼比);圆柱在静水中的振动固有频率 $f_n=0.4$ Hz。

5.4.3 涡激振动网格模型

涡激振动算例所使用的网格如图 5.8 所示。网格坐标系的定义:将圆柱的中心点设为坐标系的原点;x 轴的正方向为顺着来流的方向;y 轴的方向为垂直于入流的方向;z 轴的方向为圆柱的展向方向。整体计算域的范围:$-12D<x<25D$,$-12D<y<12D$,z 方向的厚度为 1 层网格,总网格数为 39 608。

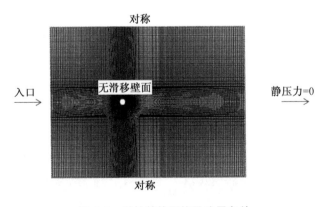

图 5.8 圆柱整体网格及边界条件

研究圆柱涡激运动时,由于圆柱在流体力作用下将产生位移,必须采用

动网格技术。本书中动网格技术的具体实现方式是在刚体附近设置一个变化区域,当刚体运动时,变化区域内的网格采用弹簧比拟,即网格如弹簧一般被压缩或拉伸的方式进行处理,其余网格保持不变。

对于动网格技术,网格变形的控制方程表达式为

$$\nabla \cdot (\Gamma_{disp} \nabla \delta) = 0 \qquad (5\text{-}29)$$

其中:Γ_{disp} 表示网格的刚度;δ 表示的是相对于前一时刻的网格位置的位移距离。每一步计算过后,都通过求解式(5-29)进行网格的重构。

边界条件的设置与圆柱绕流的算例类似,入口定义为均匀来流(自定义流入速度),圆柱表面定义为无滑移壁面(No-slip wall),出口定义为静压力等于零(Hydrostatic pressure=0),其余边界均定义为对称边界(Symmetric)。同样保证 $y^+ < 1$。需要注意的是,在涡激振动算例中,圆柱会发生位移,相应地,网格会发生变形,第一层网格也会受到压缩或者拉伸。$y^+ < 1$ 不仅要求在初始条件下满足,在整个计算过程中,变形后的第一层网格厚度也必须满足。

离散方法:对流项的离散方式采用的是带限制器的线性差分格式;时间的离散方式采用的是隐式欧拉格式;扩散的离散方式采用的是线性守恒格式。数值模拟采用的是"PIMPLEFOAM"求解器,对应的求解方法为速度与压力耦合的 PIMPLE 法。

在数值模拟中,时间步长根据库朗数来确定,为了保证数值模拟的精度,必须确保整个计算过程中的库朗数均小于 0.2。

5.4.4　涡激振动计算结果及分析

本节重点考察的是横流向最大振幅、横流向振动频率以及尾涡模式。

5.4.4.1　横流向最大振幅

两种湍流模型的涡激振动横流向最大振幅计算结果如图 5.9 所示。文献[13]中的实验结果也绘于图中作为参考。其中,横坐标表示的是来流的约化速度,纵坐标表示的是对应约化速度下的横流向最大无量纲振幅,即横流向最大振幅与圆柱直径的比值。

由图 5.9 可知,当 U_r 小于 6 时,改进 SST 湍流模型的振幅计算结果略大于标准 SST 湍流模型的结果,但差异较小;但当 U_r 继续变大时,差异开始出

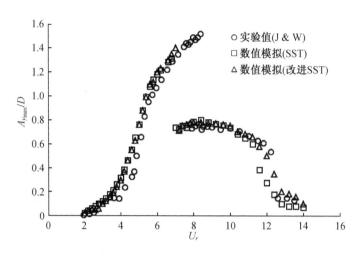

图 5.9　横流向最大无量纲振幅

现。两种湍流模型均能捕捉到上端分支,但在上端分支中,标准 SST 湍流模型计算的最大横流向振幅约为 1.3D,而改进 SST 湍流模型计算的最大横流向振幅达到了 1.4D 左右,与实验值(1.5D)更接近。此外,当 U_r 大于 11 左右时(对应于 Re 大于 8 000 左右),标准 SST 湍流模型模拟的最大横向振幅小于实验值,表明升力衰减太快,这是由旋涡的抑制引起的。而改进 SST 湍流模型的模拟结果与实验值较为接近。结合图 5.4 所示的圆柱绕流升力系数曲线,可以判断出,对于低质量阻尼比的圆柱涡激振动算例,当雷诺数大于 8 000 左右时,标准 SST 湍流模型的湍动能耗散过快,导致旋涡强度偏小,从而使得升力系数及振幅偏小。改进 SST 湍流模型在比耗散率方程中添加了额外的湍动能生产项,能一定程度上提升数值模拟的精度。

对于上端分支与下端分支之间跳跃点的计算,改进 SST 湍流模型也相对更加精确。标准 SST 湍流模型的分支跳跃点大约在 $U_r=6.8$ 处,而改进 SST 湍流模型的分支跳跃点约在 $U_r=7.2$ 处,与实验值更加接近。从上文的分析中可以看出,分支跳跃点所对应的约化速度与旋涡分离点的位置密切相关。与标准 SST 湍流模型相比,改进 SST 湍流模型增加了尾流场湍动能的强度,使得旋涡的分离点更加靠前,与真实值更加接近,因此对上下端分支跳跃点的预测相对更加准确。

此外,当 U_r 小于 6 时(对应于 Re 小于 4 500 左右),两种湍流模型的计算结果均大于实验值,在 $U_r=4\sim5$ 的范围内特别明显。这与图 5.4 中所示的雷诺数较低时圆柱绕流升力系数偏大的情况相对应。造成该现象的原因,同样也是当雷诺数较低时,尾流场中并未形成完全湍流,采用适用于完全湍流的 k-ε (SST 远壁面) 湍流模型,导致湍动能过大,这也是雷诺平均模型的局限性所在。

5.4.4.2 横流向振动频率

图 5.10 给出了不同约化速度下,横流向振动频率比($f^* = f_y/f_n$)的变化趋势。其中,f_y 是圆柱的横流向振荡频率,f_n 是圆柱在静水中的振动固有频率。需要说明的是,在某些约化速度下,横流向振动有可能出现多个频率现象,此时只考虑主要频率。此外,文献[13]的实验结果也绘于图中作为对照。

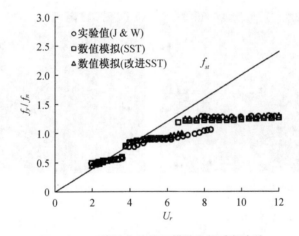

图 5.10　不同约化速度下横流向振动频率比

如图 5.10 所示,在两种湍流模型的振动频率计算结果中均捕捉到了明显的 3 个响应分支,分别对应于初始分支、上端分支与下端分支。在初始分支中,横流向振动频率比随 U_r 的增加从 0.5 左右逐渐增大到 0.6。当 U_r 达到 4 左右时,频率响应发生跳跃现象。此后,频率比迅速增大,并且接近 f_{st},直到 U_r 约等于 5 时,频率比稳定在 0.9 左右,表明横向频率被锁定在固有频率附近,发生锁定现象[89]。当 U_r 达到 7 左右时,频率比再次发生跳跃,并锁定于 1.3 左右,进入下端分支。两种湍流模型的频率响应计算结果非常接近,并且与实验值基本吻合。类似于 5.3.3.1 节中,圆柱绕流算例的 St 数结果,改进 SST 湍流模型中所添加的额外能量生产项,不会改变旋涡的脱落频率,因此不会改变涡激振动的振动频率。

5.4.4.3　尾流场湍动能分布图

　　由上文的分析可知,标准 SST 湍流模型在计算分离流动时,存在尾流场湍动能计算结果偏小的缺陷,使得涡激振动振幅偏小。本书中的改进 SST 湍流模型对湍动能的生成项进行了有针对性的改进,考虑了由旋涡分离造成的额外湍动能的生成,得到了更加精确的数值模拟结果。为了更加直观地考察在本书中所添加的湍动能生成项的效果,计算当 $U_r=8$ 与 $U_r=12$ 时,标准 SST 湍流模型与改进 SST 湍流模型在同一时刻的尾流场湍动能分布,如图 5.11 所示,图右半部分所标出的湍动能(k)的最大值与最小值分别等于整个计算过程中湍动能(k)的最值。

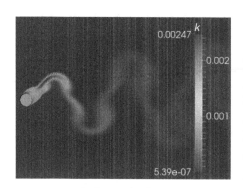
标准 SST 湍流模型

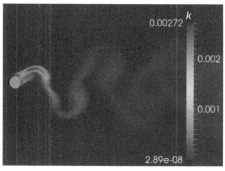
改进 SST 湍流模型

$U_r=8$

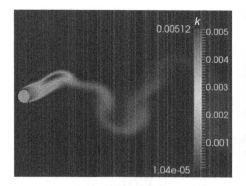
标准 SST 湍流模型

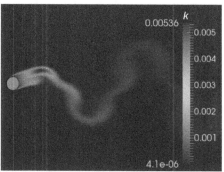
改进 SST 湍流模型

$U_r=12$

图 5.11　同一时刻尾流场湍动能分布图

从图 5.11 中可以看出,在改进 SST 湍流模型与标准 SST 湍流模型的计算结果中,尾流场湍动能的分布形态基本相同,虽然在细节上有所差异,这是由振幅不同造成的。但是在湍动能的最大值上存在较为明显的差异,改进 SST 湍流模型的尾流场湍动能最大值相较于标准 SST 湍流模型的计算结果有了较为明显的提高,由此可见改进模型能够起到提升尾流场湍动能大小、增加旋涡强度的作用。

此外,从图中还可以发现,改进 SST 湍流模型对于整体流场(远离分离点处)的最小湍动能值的计算结果并无提升,甚至小于标准 SST 湍流模型的计算值(都可视为无穷小量,可以忽略)。由此可以证明,本书在改进 SST 湍流模型中所添加的湍动能生成项,主要体现的是流场分离所造成的湍动能的增加,而并非简单地增加整体流程的湍动能。因此,在分离点附近,可以有效地提升湍动能,克服标准 SST 模型在计算分离流时湍动能不足的缺陷。而对于没有发生分离的流场,本书所添加的湍动能生成项几乎不起作用。

5.4.4.4　尾涡模式及运动轨迹

在尾涡模式及运动轨迹的模拟中,2 种湍流模型均捕捉到了典型的尾涡与轨迹的形态,并且差异并不明显。因此,本书只将改进 SST 湍流模型的数值模拟结果与实验结果进行对比,以验证改进 SST 湍流模型的性能。其中,尾涡模式对比的是 3 个典型速度下的尾涡形态,分别对应于初始分支、上分支和下分支,如图 5.12(a)所示。此外,文献[12]中的振幅、轨迹以及尾流场的 DPIV(Digital Particle Image Velocimetry)[90]分析结果如图 5.12(b)所示。

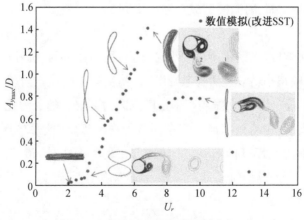

(a) 轨迹与尾涡数值模拟结果

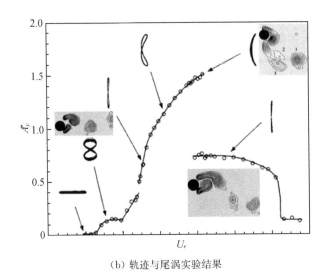

（b）轨迹与尾涡实验结果

图 5.12　圆柱涡激振动轨迹与尾涡模式

　　首先分析尾涡模式。当入流速度较小时,每个振荡周期产生 2 个涡流,并交替地从圆柱上脱落,呈现出 2S 模式的尾涡形态。随着 U_r 的增加,当振动响应到达上端分支的顶部时,在数值模拟中成功捕捉到了 2T 模式的尾涡[91]。此时的每个周期中,在圆柱后方有 2 组涡对,每个涡对由 3 个旋涡组成(已在图中标出),并且旋涡的旋转方向不完全相同。当振动响应处于下端分支时,通过数值模拟可以明显观察到:每个周期中,有 2 组涡对在圆柱后方形成,在每组涡对中,两个旋涡旋转方向相反,并且比 2S 模式延伸地更长,这对应于2P 模式。改进 SST 湍流模型成功地捕捉到了 3 个分支中典型的尾涡模式,与实验相符。

　　对于轨迹响应,当约化速度较小时,运动是不稳定的,圆柱的轨迹是无序的,横向的振幅很小,轨迹呈"长条形"。在初始分支的稳定阶段,圆柱的轨迹呈现"8 字形",表明顺流向振动频率是横流向的 2 倍。随着约化速度的增加,进入上端分支后,振动频率被锁定在固有频率附近,轨迹总体还是呈现出"8字形",但上下两端逐渐向流动方向倾斜,在最大振幅处,最终呈现出"新月形"。转移到下分支后,轨迹变为"瘦 8 字形",表明顺流向振动受到较强抑制,纵向振幅相对较小。

　　数值模拟的轨迹与实验结果总体上相符,但在最大振幅附近,改进 SST

湍流模型计算的轨迹更加"矮胖"。根据4.3.4节中的分析,这是由旋涡的分离点比实际偏后造成的。由此可见,改进SST湍流模型虽然对分离点的计算更加准确,但在最大振幅附近依然存在一定的误差,分离点比实验结果略微偏后。

从总体上看,改进SST湍流模型在计算低质量比圆柱涡激振动时比标准SST湍流模型具有更高的精度,但是仍然存在一定的误差,最明显的是,由于受到完全湍流拟合的参数的制约,在雷诺数较低时,SST湍流模型计算的流场湍动能偏大,造成振幅过大。此外,还可以发现,在最大振幅附近,即上端分支与下端分支的跳跃点附近,改进与标准SST湍流模型的计算结果与实验值也存在一定的差异,主要是由旋涡分离点的计算误差造成的。分离点的计算误差不仅来源于数值计算的误差,还与三维效应有关。根据上一章的分析,三维工况中的尾流场更加紊乱,回流长度更长,各截面的泄涡不同步,并且还有垂向移动的涡,甚至出现多种尾涡模式,这对旋涡的分离点也将产生一定的影响。雷诺平均法的计算对象则一般是二维模型,尽管改进SST湍流模型提升了旋涡分离点的计算精度,但仍然无法体现出三维效应,特别是在最大振幅附近,尾流场更加紊乱,三维效应更加明显,二维模型对于分离点以及流场的特征更加难以准确把握。

5.5　本章小结

本章的主要目的是研究三维效应的缺失对二维模型计算结果的影响。研究结果表明,在最大振幅附近,即上端分支与下端分支的跳跃点附近,二维模型涡激振动响应会过早地从上端分支跳转到下端分支,无法准确预报最大振幅。造成这一现象的原因主要为二维模型计算的边界层分离点偏后,分离点偏后不仅是由于数值计算的误差,还与三维效应的缺失有关。此外,本章还针对标准SST湍流模型在计算完全湍流的分离流时湍动能的生成项偏小的问题,对其进行了改进。具体思路为基于对湍动能生成谱的分析,在比耗散率方程中添加一项额外的湍动能生成项,然后通过圆柱绕流以及涡激振动的算例,验证改进湍流模型的性能。通过对比标准SST湍流模型与改进SST湍流模型的计算结果可以发现,当雷诺数较大(尾流场为完全湍流)时,改进模型中添加的额外湍动能生成项能够在一定程度上增加圆柱绕流以及涡激振动尾流场分离点附近的湍动能强度，从而增加旋涡强度、提升圆柱绕流的升力系数以及涡激振动的振幅，使旋涡的分离点略微提前，对旋涡脱落的频率几乎没有影响，不改变圆柱绕流的 St 数以及涡激振动的振动频率。但当雷诺数较低时，尾流场中并未形成完全湍流，若将其当作完全湍流进行计算，必然导致尾流场中湍动能过大，这也是雷诺平均模型的局限性所在。

第 6 章

基于 OpenFoam 的迟滞与分离点扰动下的
涡激振动分岔特性数值分析

　　根据上一章的分析,受到三维效应缺失的影响,二维模型计算的边界层分离点偏后,导致改进 SST 湍流模型的涡激振动计算结果在最大振幅附近与三维模型计算结果存在较大差异,这给工程上低质量阻尼比圆柱最大振幅的预测带来了一定的困难。从整体上看,在其他约化速度下,改进 SST 湍流模型的计算结果与三维结果差异不大。但在最大振幅附近,分离点相对较小的位置差异将造成计算结果较为显著的差异,这很显然与涡激振动的分岔特性有关。为了研究弥补三维效应缺失的方法,首先要对分岔特性进行分析。

　　当前的研究已经证明,无论是层流还是湍流,黏性流动都服从 N-S 方程[92],并且只有在定常流动或者非定常层流时,才存在唯一解。涡激振动这类湍流流场,显然不满足解的唯一性条件,可能存在分岔解[37]。对于涡激振动中的分岔解,最具代表性的当属"迟滞现象":入流速度分别从某一个较小速度增大到另一较大速度以及从较大速度降低到较小速度的工况,在某一个相同的速度下,两种工况的圆柱涡激振动振幅与频率等响应存在差异。对于低质量阻尼比的圆柱,有可能存在 2 个迟滞区间,分别对应于初始分支与上端分支的交界区域以及上端分支与下端分支的交界区域,如图 6.1 所示。其中,上端分支与下端分支之间的迟滞现象通常更加明显。

　　当前的研究可以证明,在最大振幅附近,即在图 6.1 中所示的"I 区域",低质量阻尼比圆柱涡激振动响应存在 2 个较为稳定的状态,即 N-S 方程在特定的约化速度下可能存在两个解,当速度边界条件分别为加速或减速时,分别得到对应于上端分支与下端分支的解。根据上文中的研究,除了流速加速度条件之外,旋涡分离点的较小差异,甚至三维效应造成的分离点扰动,也会

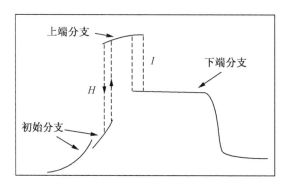

图 6.1 低质量阻尼比圆柱迟滞现象示意图

影响涡激振动的解分岔特性,造成在分岔区域涡激振动响应的突变[93]。这也符合偏微分方程(N-S 方程)的性质[94]。为了对改进 SST 湍流模型对于分支跳跃点预测误差相对较大的这一缺陷进行有针对性改进,首先需要对分离点的变化或扰动对分岔特性的影响规律进行研究。

当前,对涡激振动分岔特性开展的研究主要集中于迟滞现象[95],但对其他条件,如分离点的变化或扰动造成的分岔特性,目前还没有相关的研究。因此,本章除了对由边界条件改变引起的分岔,即迟滞现象进行了深入的研究之外,还对分离点的变化与由扰动引起的涡激振动分岔进行了研究,主要研究了分岔的特性与规律,以及其临界条件。

6.1 数值模拟工况

本节主要对迟滞区域的振幅、频率等响应特性,以及发生迟滞的临界条件进行数值模拟分析。其中,运用的数值模拟方法为雷诺平均法,使用的湍流模型为在第 2 章中提出的改进 SST 湍流模型,计算网格、边界条件、离散方法以及基本参数等都与 5.4 节中所使用的相同,此处不再赘述。圆柱的参数同样参照文献[13]的实验参数:圆柱直径 $D=0.038\ 1$ m;质量比 $m^*=2.6$;质量阻尼比 $m^*\xi=0.013$(ξ 为阻尼比);圆柱在静水中的振动固有频率 $f_n=0.4$ Hz。

在 Williamson[13]的实验中,为了研究迟滞现象,分别采用了 2 种入流速度加载工况(匀加速和匀减速),在 2 种工况下,分别得到了上限解和下限解这 2 种响应特征。

根据实验结果,入流速度的加载方式对迟滞特性的响应具有决定性影响。因此本书采用如下3种速度加载工况:(1)加速工况;(2)减速工况;(3)匀速工况。具体的实现方式如下。

(1)加速工况:流场约化速度从0开始均匀增大,加速度为每无量纲单位时间($t^* = 1$)内,约化速度增大0.015,直至速度增大到目标值后,保持速度恒定,继续计算大约20个周期。

(2)减速工况:流场约化速度从14开始均匀减小,加速度为每无量纲单位时间($t^* = 1$)内,约化速度减小0.015,直至速度减小到目标值后,保持速度恒定,继续计算大约15个周期。

(3)匀速工况:流场约化速度直接设定为目标值并保持恒定,待圆柱响应稳定后,继续计算大约15个周期。

6.2　迟滞特性分析

对于低质量阻尼比的圆柱涡激振动,迟滞特性主要体现在振幅以及频率的响应曲线上。因此本节重点对各工况下的圆柱振幅与频率响应特性进行分析。此外,流场的速度加载方式,即流场加速度值是影响迟滞特性的重要因素之一,因此本节对流场加速度的临界值也进行了研究。

6.2.1　最大振幅响应

参照实验中所取的速度区间,分别采用加速、减速与匀速工况,对约化速度在$U_r = 2 \sim 14 (Re = 1\,450 \sim 10\,200)$范围内的圆柱涡激振动进行数值模拟,并取稳定阶段的数据进行分析。各工况下,圆柱双自由度涡激振动横向最大振幅随约化速度的变化规律以及对应的实验结果如图6.2所示。

从图6.2中可以看出,在3种不同速度加载的工况下,最大横流向振幅响应曲线存在显著差异,有明显的迟滞现象。在匀速工况中,最大横流向振幅仅为0.8D左右,未能捕获上端分支;而在加速和减速工况中,最大横流向振幅均大于1.0D,可捕获明显的上端分支,并且在上端分支和下端分支之间,存在振幅的突然跳跃。在加速工况中,从上端分支到下端分支的跳跃点约在$U_r = 7$处,对应的最大幅值约为1.4D。而在减速工况中,在下端分支到上端

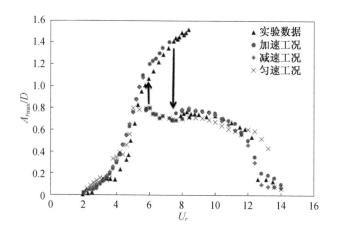

图 6.2　不同约化速度下横流向最大振幅响应

分支的跳跃点附近,振幅响应曲线并不按照加速工况中的轨迹返回。此时,跳跃点出现在 $U_r=5.8$ 附近,且最大横流向振幅约为 $1.1D$。

此外,从图 6.2 的数值模拟结果中还可以发现,在加速与减速工况中,振幅响应的差异主要集中在迟滞区域附近,即上端分支与下端分支的交界处附近,在其他区域不明显。对于匀速工况,响应特征与加速、减速工况都存在一定的差异,最明显的差异出现在约化速度 $U_r=12\sim14$ 的范围内,最大振幅明显大于其他两个工况。从全局上看,涡激振动振幅在某些区域至少存在 3 个较为稳定的分岔解,并且流速边界条件的不同(加速、减速或匀速)会影响解的分岔方向。

6.2.2　频率响应

3 种速度工况下,圆柱的横向振动主要频率比如图 6.3 所示。需要说明的是,在某些约化速度下,除了主要频率之外,圆柱的涡激振动还存在较为明显的频率分量,这些频率分量往往能揭示一些重要的信息,从而有助于对迟滞现象形成更深刻的认识。因此,本书将典型约化速度下的圆柱横流向振动频率的谱分析结果也呈现在图上。考虑到在加速工况中,上端分支与下端分支跳跃点附近,频率变化的特征最为明显,本书选取的典型约化速度分别对应着加速工况中的上端分支稳定阶段、跳跃点附近与下端分支稳定阶段。

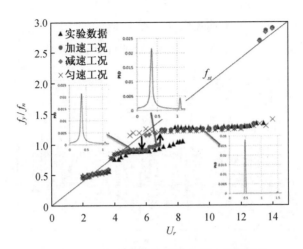

图 6.3 不同约化速度下横流向最大振幅响应

从图 6.3 中可以看出,频率响应存在明显的分支。在初始分支中,振动频率随速度的减小而增大;在上端分支中,振动频率锁定在固有频率附近;在下端分支中,圆柱振动频率比稳定在 1.2 左右。当 U_r 大于 13 时,振动频率突然跳出锁定区域,并且接近静止圆柱涡泄频率(f_{st})。跳跃现象发生在各分支之间,跳跃点在加速、减速和匀速工况中有显著区别,并且与图 6.2 中振幅响应曲线的跳跃点相对应。此外,当 U_r 小于 6 时,在匀速工况中,振动频率保持在 f_{st} 附近,未锁定于固有频率,表明在匀速工况中,不会出现上端分支。由此可见,低质量比圆柱的频率响应也存在明显的迟滞现象。此外还可以发现,在整个区间的涡激振动过程中,横流向振动始终存在一个三倍于主频率的高频分量。在稳定阶段,该分量很小,基本可以忽略,但在分支跳跃点附近,该高频分量会显著增大。总而言之,涡激振动频率响应在与振幅响应分岔所对应的区域,也存在 3 个较为稳定的分岔解,并且流速边界条件的不同(加速、减速或匀速)会影响解的分岔方向。

6.2.3 升力、阻力系数历时曲线

升力系数与阻力系数同样也是涡激振动最重要的参数之一,其变化规律也能揭示许多重要的特征。本书选取了加速工况中典型约化速度下的升力、阻力系数与圆柱横流向无量纲位移的历时曲线,如图 6.4 所示。需要说明的是,图中所绘的是达到稳定阶段附近的响应曲线。其中,0 时刻是本书选取的

起始点，对应于加速工况中速度略小于目标值的一个时间点，几秒钟后便到达最后稳定阶段，此后速度将保持恒定，继续计算，直至稳定。

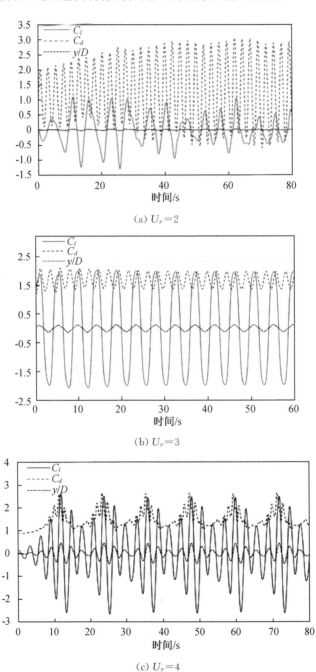

(a) $U_r = 2$

(b) $U_r = 3$

(c) $U_r = 4$

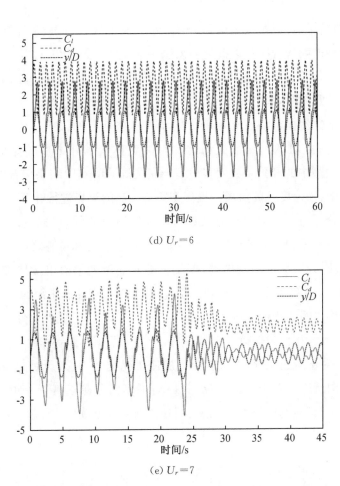

(d) $U_r=6$

(e) $U_r=7$

图 6.4　典型约化速度下升力、阻力系数与位移历时曲线

　　将图 6.4 与图 6.2、图 6.3 的振幅与频率响应结合分析,可以得出以下结论:$U_r=2$ 的条件对应于初始分支的初始阶段,在此阶段,圆柱横流向振幅较小,但运动非常复杂,可以观察到明显的"拍现象"[96],表明此时振动频率存在其他较大的频率分量;随着入流速度的增加,当 $U_r=3$ 时,对应于初始支路的稳定周期,圆柱的运动趋于稳定,"拍现象"消失;当 U_r 达到 4 左右时,"拍现象"再次出现,表明在初始分支到上端分支的过渡阶段存在"多频现象";直到 U_r 达到 6 左右时,升力系数和阻力系数的曲线以及位移突然增大,这表明振动过程已经转移到上分支;随着 U_r 的持续增加,当达到 7 左右时,升力和阻力系数的值和横向振幅在短过渡周期后突然减小,然后响应转移到下分支,此

外,在过渡阶段,可以再次观察到"拍现象"。总的来说,低质量比圆柱双自由度涡激振动的响应规律可以概括为无序 → 有序 → 无序 → 有序,其中"无序"对应于分支跳跃点附近,这与实验结果[97]吻合。

需要注意的是,如图 6.4(a)所示,$U_r = 2$ 时,阻力系数的波动过于剧烈,表明该速度下数值模拟存在相对较大的误差。这部分的误差形成原因在之前已经分析过:此时的雷诺数大约为 1 500,整体流场并未形成完全湍流,而 SST 湍流模型中的经验系数大多是基于完全湍流的实验结果拟合的,因此在数值模拟中,该速度下的流场也被当作完全湍流的流场进行计算。

重点分析图 6.4 中的升力系数与位移的历时曲线,可以发现:当 $U_r = 3$(对应初始分支)和 $U_r = 6$(对应于上端分支)时,升力和位移之间的相位角趋向于零,此时升力促进圆柱振动,振幅将随着速度的增大继续增加。重点观察图 6.4(e),当约化速度 U_r 达到 7 左右时,可以发现在非常短的过渡期之后,升力与位移之间的相位角从 0° 突变到 180° 左右,对应于从上端分支跳跃到下端分支。此后,相位角保持在 180° 左右,升力对振幅起抑制作用。

此外,对于减速工况,响应规律与加速工况类似,只是历时曲线的轨迹沿时间轴逆向行进。对于匀速工况,其振动频率也存在三倍于主频率的分量,但一直较小,其他响应特性与加速、减速工况中的初始与下端分支中的规律类似。

6.2.4　轨迹响应

图 6.5 给出了 3 种加速度工况中,各约化速度下的圆柱涡激振动运动轨迹。从图 6.5 中可以发现,3 种加速度工况下,轨迹的差异主要发生在约化速度 $U_r = 6 \sim 8$ 的区间内,即上端分支中。具体的尾涡形状对应的振动响应情况以及形成的原因在上文中已经进行过具体的分析。当 $U_r = 6$ 时,在加速与减速工况中,轨迹呈现出两端倾斜的"8 字形",表明此时振动频率发生"锁定现象",处于上端分支;而在匀速工况中,轨迹呈现"瘦 8 字形",表明此时处于下端分支。当 $U_r = 7$ 时,在加速工况中,轨迹呈"新月形",表明此时正处于振幅最大值附近;而在减速与匀速工况中,轨迹呈"瘦 8 字形",表明处于下端分支。当 $U_r = 8$ 时,3 种工况均处于下端分支。3 种工况下的轨迹响应规律再次证明了匀速工况中不存在上端分支,而加速与减速工况之间存在迟滞现象。

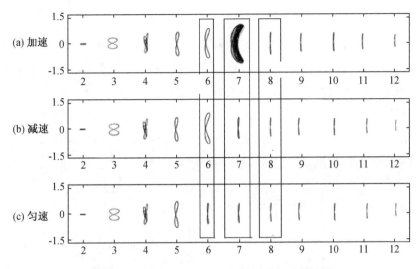

图 6.5　不同加速度工况下圆柱涡激振动轨迹图

6.2.5　临界加速度

在加速、减速与匀速工况中,圆柱涡激振动响应存在较大差异,出现迟滞现象。显然,速度的加载方式,即流场加速度大小是影响迟滞特性的关键参数之一。本节的目的便是研究加速度对迟滞特性的具体影响,并寻找临界的加速度值。

根据本章前两小节的分析,迟滞现象主要发生在初始分支与上端分支,以及上端分支与下端分支的跳跃点附近,且上端分支只出现在加速与减速工况中,在匀速工况中不会出现。由此可见,上端分支是研究迟滞特性的关键区域。

对于匀速工况,可以视为加速工况中加速度无限大的特例。因此在不同的加速度下,圆柱的涡激振动响应会出现"存在上端分支"与"不存在上端分支"这两种情况。为了考察加速度的影响,此处采用加速工况的速度加载方式,并将目标约化速度设置为 6,对应于上端分支的稳定阶段。约化速度从 0 加速到 6 的时间设定为 10～200 s(对应于无量纲时间 24～480),对应于每个单位无量纲时间内,约化速度的值增加 0.012 5～0.25,同时还包括匀速工况(加速时间为 0)。在各加速度下,圆柱最终在稳定阶段所达到的最大振幅如图 6.6 所示,同时将实验中 $U_r = 6$ 时的横流向最大振幅值也标于图中作为参照。

由图 6.6 可知,当无量纲加速时间小于 240 时,对应的无量纲加速度(约化速度/无量纲加速时间)为 0.025,稳定阶段的最大横向振幅与恒定速度条件下的最大横向振幅几乎相同,只有约 0.8D,此时显然不存在上端分支。当无量纲加速时间大于 240 时,最大振幅幅值随加速时间的增加而增大,直到无量纲加速时间大于 360 左右时,对应的无量纲加速度值小于 0.017 左右,最大振幅略大于 1D,与加速工况的实验值接近。

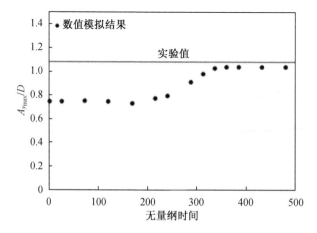

图 6.6 不同加速度下横流向最大振幅响应

图 6.7 所示为不同加速度条件下横流向振动频率比响应。当无量纲加

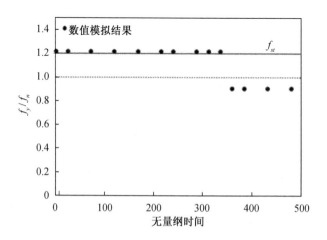

图 6.7 不同加速度下横流向振动频率比

速时间小于 360 时，对应的无量纲加速度大于 0.017，圆柱横向振动频率接近 f_{st}，表明圆柱的振动频率并未发生"锁定现象"。当无量纲加速时间小于 360 时，振动频率被锁定在固有频率（用虚线表示）附近，这是进入上端分支的标志之一。

对于减速工况，也有类似的规律。综合上述分析可以得出：低质量阻尼比圆柱涡激振动响应特性受流场加速度的影响。当加速度较大时，不会出现上端分支；当加速度小于一定值时，响应存在上端分支，并且会出现迟滞现象，对应的无量纲加速度的临界值约为 0.017。

6.3 分离点扰动下的涡激振动分岔特性分析

对于偏微分方程（N-S 方程），除了上一节中研究的边界条件（流场加速度）的不同可能会引起的分岔之外，当参数扰动超过临界值时，其解也有可能产生分岔。也就是说，即使在相同的边界条件（流速条件）下，并且运动达到稳定状态后，当某些参数发生微小变化或者扰动，涡激振动的响应同样也有可能会发生突变（分岔）[98]。本节将重点研究由分离点扰动引起的涡激振动分岔规律，主要研究升力、阻力、位移历时曲线以及频率的变化规律，并通过对涡量图的研究，对流场的细节进行分析。

6.3.1 位移扰动的施加方式

本文通过对稳定振动阶段的圆柱施加不同大小与方向的位移扰动实现对分离点的扰动模拟，并分析振幅、频率等响应的变化情况，研究低质量阻尼比圆柱涡激振动响应在分离点扰动下的分岔特性。其中，位移的扰动通过对稳定阶段的圆柱施加一个脉冲速度实现，具体过程如下。

（1）运用 6.1 节中的方法，计算加速、减速以及匀速工况中，不同约化速度下稳定阶段的圆柱涡激振动响应。

（2）选取稳定阶段中的某一时间点，在该时刻对圆柱施加一个脉冲速度，其他参数均保持不变。

（3）以施加了脉冲速度的时间点作为初始时间，保持原有的边界及流场条件继续计算，直至稳定。

分别针对加速、减速以及匀速工况中约化速度在 $0\sim14$ 范围内的涡激振动稳定阶段的圆柱,通过上述方法施加位移扰动,观察升力系数、阻力系数、位移、振动频率等响应的变化情况。

为了全面考察不同速度加载工况下的扰动分岔性质,分别对不同约化速度下的圆柱施加大小为 $0\sim\pm20$ m/s 的脉冲速度扰动。其中,扰动用 δu 表示;"+"代表施加的脉冲速度方向与原有运动方向相同;"−"代表施加的脉冲速度方向与原有运动方向相反。脉冲速度的单位为 m/s,并且在 x 与 y 轴方向上同时施加。

6.3.2　加速工况扰动响应

首先分析加速工况下的扰动响应。以 $U_r=6.5$(对应上端分支与下端分支的过渡阶段)的情况为例,施加扰动后典型工况的升力系数、阻力系数以及位移响应历时曲线以及振动频率响应,如图 6.8 所示。其中,图 6.8(a)是加速工况中约化速度达到 $U_r=6.5$ 左右时的阻力、升力系数以及振幅响应:在 $t=40$ s 时,U_r 达到 6.5,40 s 之前为加速阶段,40 s 之后为匀速阶段。图 6.8(b)—(e)为施加了扰动之后的升力系数、阻力系数、位移响应历时曲线。其中,0 时刻取的是施加脉冲速度扰动的时刻。此外,频率响应表示的是稳定阶段的圆柱振动频率。

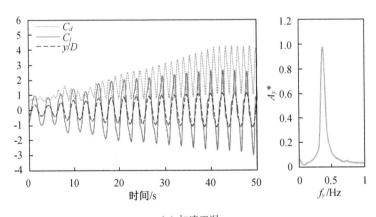

(a) 加速工况

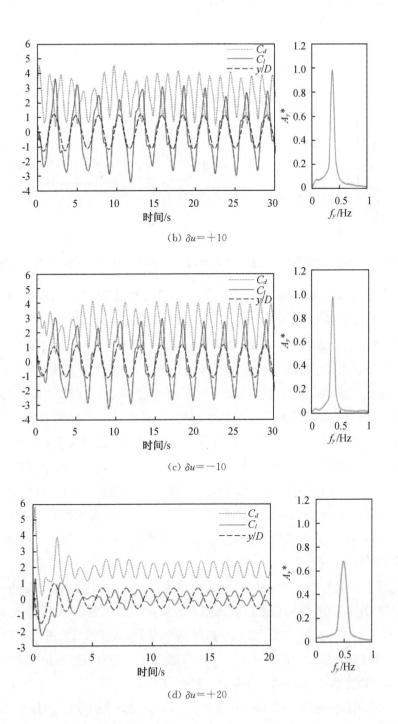

(b) $\delta u = +10$

(c) $\delta u = -10$

(d) $\delta u = +20$

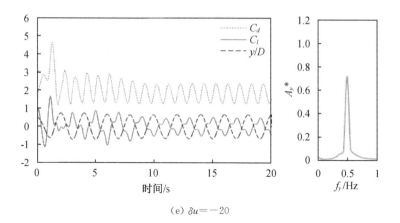

(e) $\delta u = -20$

图 6.8 $U_r = 6.5$ 时加速及扰动情况下的升力系数、阻力系数、位移历时曲线及频率响应

由图 6.8(a)可知,在加速过程中,当约化速度达到 5 左右时,升力系数、阻力系数以及振幅响应突然增大,表明涡激振动进入上端分支;当 $U_r = 6.5$ 时,仍然处于上端分支,且最大振幅约为 1.2D,此时,稳定阶段的振动频率约为 0.37 Hz,接近固有频率 0.4 Hz,符合上端分支频率响应特征。

图 6.8(b)所示为施加了扰动 $\delta u = +10$ 后的响应。在扰动施加之初,升力系数、阻力系数以及最大振幅均小幅提升,其中最大振幅增加到 1.3D 左右,但此后迅速衰减,大约 7 s 之后,升力系数、阻力系数以及振幅响应又回复到施加扰动之前的初始值,且振动频率也未改变。图 6.8(c)所示为扰动脉冲速度 $\delta u = -10$ 时的响应,在扰动施加之初,升力系数、阻力系数以及最大振幅均小幅衰减,其中最大振幅降低到 1D 左右,但此后迅速回升,大约 5 s 之后,升力系数、阻力系数以及振幅响应又回复到施加扰动之前的初始值,振动频率同样没有改变。

图 6.8(d)与图 6.8(e)所示为扰动较大的情形。当扰动脉冲速度 $\delta u = +20$时,升力系数、阻力系数以及振幅在施加扰动之初显著增加,最大振幅达到了 1.5D 左右,此后出现了大幅衰减,当振动达到稳定时,最大振幅仅为 0.8D 左右,小于施加扰动之前的初始值。并且通过分析升力系数与位移曲线可以发现,受到扰动之后,升力与位移之间的相位迅速从同相变为反相,此时,升力对位移起阻碍作用,使得振幅受到抑制。此外,振动频率约为 0.5 Hz,约为固有频率的 1.25 倍,符合下端分支的特征。当扰动脉冲速度 $\delta u = -20$ 时,振幅

在扰动之初降低到 0.7D 左右,此后升力与位移之间的相位也从同相变为反相,最终振幅也稳定在 0.8D 左右,振动频率也约为 0.5 Hz,表明在 $\delta u = +20$ 或者 $\delta u = -20$ 的扰动下,振动响应均从上端分支跳转到了下端分支。

当加速工况 $U_r = 6.5$ 时,涡激振动扰动下的振幅与频率响应分岔图,即横流向振幅与频率的响应随位移(分离点)扰动形式的变化规律,如图 6.9 与图 6.10 所示。

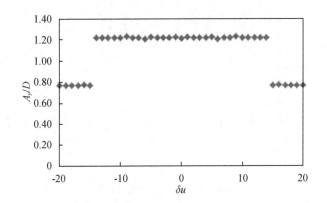

图 6.9　涡激振动扰动响应振幅分岔图

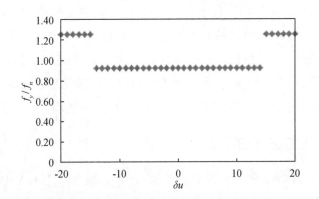

图 6.10　涡激振动扰动响应频率分岔图

运用同样的方法,对加速工况下,约化速度在 $U_r = 0 \sim 14$ 范围内的情况进行振幅与频率扰动响应分析。可以发现,加速工况中,在施加的 $0 \sim \pm 20$ 的脉冲速度扰动范围内,仅在上下端分支转换点附近发现了分岔现象。具体存在分岔现象的约化速度与临界扰动值如图 6.11 所示。通过计算发现,在此情

况下,扰动后的响应特性只与扰动大小有关,与其方向无关,即只与扰动绝对值($|\delta u|$)有关。因此,在图 6.11 中,横坐标代表稳定段的流场约化速度,纵坐标代表扰动的绝对值($|\delta u|$),如图 6.11 所示,阴影部分表示加速工况下,在本书所取的扰动范围内,能引起振幅与频率突变的扰动大小的绝对值以及对应的流场约化速度。

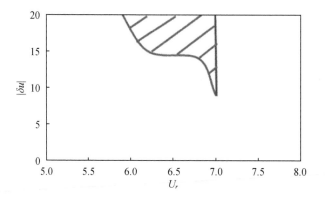

图 6.11　临界扰动值分布图

从图 6.11 中可以看出,易发生响应分岔的速度区间在 $U_r = 6 \sim 7.2$ 之间,都处于上端分支,且在上下端分支跳跃点附近,振幅与频率的分岔响应特性与图 6.9 及图 6.10 所示的趋势类似,且 U_r 越接近 7.2(分支跳跃点),临界扰动的绝对值越小。由此可以得出,加速工况中,圆柱涡激振动的上端分支较不稳定,在大于临界值的扰动下,会跳转到下端分支,且越接近上下端分支跳跃点,运动越不稳定,会在更小的扰动下发生分岔,与扰动方向无关。

6.3.3　减速工况扰动响应

与加速工况扰动分岔特性分析方法类似,分别对减速工况中,不同约化速度下的圆柱施加 $\delta u = 0 \sim \pm 20$ 的脉冲速度扰动,观察响应的分岔情况。以 $U_r = 6$ 的情况(对应下端分支与上端分支的过渡阶段)为例,减速及各扰动情况下的升力系数、阻力系数、位移历时曲线以及频率响应如图 6.12 所示。

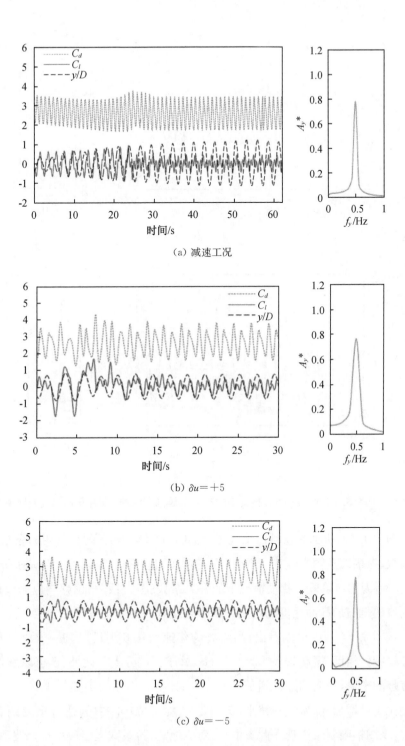

（a）减速工况

（b）$\delta u = +5$

（c）$\delta u = -5$

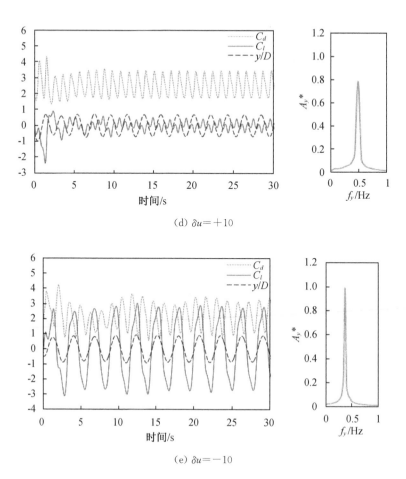

(d) $\delta u = +10$

(e) $\delta u = -10$

图 6.12 $U_r = 5.8$ 时加速及扰动情况下的升力系数、阻力系数、位移历时曲线及频率响应

　　图 6.12(a)所示为在减速工况中,约化速度 $U_r = 5.8$ 附近的阻力系数、升力系数、振幅以及频率响应:当 $t = 35$ s 时,U_r 达到 6,35 s 之前为减速阶段,35 s 之后为匀速阶段。扰动情况下的升力系数、阻力系数、位移响应曲线的 0 时刻取的是施加脉冲速度的时刻。频率响应取的为稳定阶段的响应。

　　从图 6.12(a)中可以看出,当流场约化速度在 6 附近时,振幅较小,升力与位移相位相反,振动频率约为 0.5 Hz,处于下端分支。此外,还可以发现一个有趣的现象,当流速降低到 $U_r = 6.2$ 左右时,升力系数突然显著减小,而振幅则先缓慢增加,随后缓慢减小,最终稳定在 0.8D 左右(经历许多周期后才稳定,受图幅限制未体现在此图中)。对应地,阻力系数也出现了一个波动。

如图 6.12(b)与(c)所示,当扰动脉冲速度 $\delta u = \pm 5$ 时,扰动量较小,与加速工况下的扰动响应类似,此时升力系数、阻力系数以及位移响应并未发生显著变化,在经过初期短暂波动后,迅速回复到初始值。振动频率也没有发生变化。

当扰动较大时,减速工况下的扰动响应与加速工况相比出现了明显的差异,扰动后的响应与扰动的方向有关。通过分析图 6.12(d)与(e)可得,当 $\delta u = +10$ 时,升力系数、阻力系数以及振幅在受到扰动之后的一个周期中显著增大,但升力与位移之间的相位并未改变,振动响应此后迅速回复到初始值,并且振动频率并未发生改变;而当 $\delta u = -10$ 时,升力系数、阻力系数以及振幅在扰动之初略有减小,但此后升力与位移之间的相位由反相变为同相,升力对振动起促进作用,进而使得振幅增大,最终稳定阶段的最大振幅达到 $1.1D$ 左右,此时,振动频率从 0.5 Hz 变为 0.37 Hz,锁定于固有频率,振动响应进入上端分支。

减速工况中,$U_r = 6$ 时,涡激振动扰动响应的振幅与频率响应分岔如图 6.13 和图 6.14 所示。

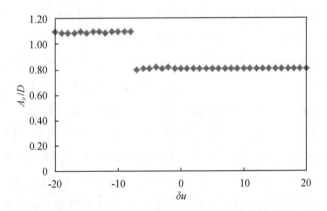

图 6.13　涡激振动扰动响应振幅分岔图

从图 6.13 中可以看出,$U_r = 6$ 减速工况中,扰动后的涡激振动振幅以及频率存在分岔现象,当脉冲速度扰动绝对值较小时,圆柱振幅保持在 $0.8D$ 左右,振动频率约为 1.25 倍固有频率,仍然处于下端分支。当扰动绝对值大于临界值时,圆柱振动响应跳转到上端分支,振幅突变为 $1.1D$ 左右,相应地,振动频率也发生突变,锁定于固有频率。对应的临界扰动值大小为 8 m/s。与

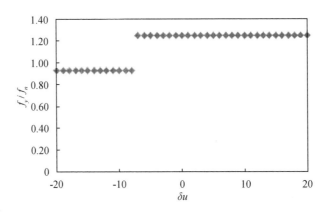

图 6.14　涡激振动扰动响应频率分岔图

加速工况不同的是,减速工况扰动响应还与扰动方向有关,在本书所施加的扰动范围内,只有当扰动方向与原有运动趋势相反时,才能出现分岔现象。

运用同样的方法对约化速度 $U_r=0\sim14$ 的工况进行振幅与频率扰动响应分析,可以发现,与加速工况类似,在减速工况中,施加 $0\sim\pm20$ 的扰动脉冲速度,仅在上下端分支转换点附近发现了分岔现象。具体存在分岔现象的约化速度与能造成分岔的扰动值范围如图 6.15 所示,其中,横坐标代表稳定段的流场约化速度,纵坐标代表扰动脉冲速度的值。

如图 6.15 所示,阴影部分表示减速工况下,在本书所取的扰动范围内,能引起振幅与频率突变的扰动绝对值大小以及对应的流场约化速度。从图中可以看出,易发生响应分岔的速度区间为 $U_r=5.6\sim6.2$,都处于下端分支,并且在上下端分支跳跃点附近。分岔响应特性与 $U_r=6$ 的规律类似,且 U_r 越接近 5.6(分支跳跃点),临界扰动的绝对值越小。由此可以得出,减速工况中,圆柱涡激振动的下端分支较不稳定,在大于临界值且与原有运动趋势相反的扰动下,会跳转到上端分支,且越接近上下端分支跳跃点,运动越不稳定,会在更小的扰动下发生分岔。从图 6.15 中还可以发现,当约化速度大于 6.2 时,在本书施加的扰动范围内未观察到分岔现象。而通过对图 6.12(a)的分析也发现,减速过程中,振动响应在 $U_r=6.2$ 附近发生波动。由此可以认为,减速工况下的约化速度降低到 6.2 左右时,振动响应进入下端分支到上端分支的过渡阶段,此时振动较不稳定,在适当的扰动下,可以跳转到上端分支。此外,从上端分支跳跃到下端分支时,对扰动的方向没有要求,而从下端分支跳跃到上端分支时,扰动方向必须与原有运动趋势相反,由此可见下端分支的状态相对来说比上端分支更加稳定。

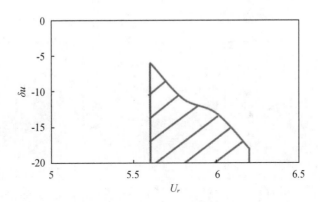

图 6.15 临界扰动值分布图

另外,运用相同方法,对匀速工况不同约化速度下的圆柱施加扰动,并未观察到分岔现象,本书中不再做详细分析。

6.4 位移扰动涡量图分析

由上一节的分析可得,在分支跳跃点附近,位移(分离点)的扰动有可能使得涡激振动响应状态发生分支间的跳跃,并且在数学理论上可以将其归结为偏微分方程的分岔特性。考虑到涡激振动的本质是在流场的压力作用下产生振动,本节的目的是通过分析尾流场的涡量图,从流场的角度更加直观地对该现象进行解释,并揭示其中更本质性的机理。

6.4.1 加速工况位移扰动涡量图

根据 5.4 节中的分析,改进 SST 湍流模型在最大振幅附近($U_r = 6.5$)成功捕捉到了 2T 模型的尾涡,与实验结果[12]较为吻合。典型的 2T 模式尾涡的具体形式如图 6.16 所示。

由图 6.16 可得,对于 2T 模式的尾涡,每个周会有 2 个涡组脱落,每个涡组中包含 3 个旋转方向不完全相同的涡。重点考察 1 个周期内,每个涡组的脱落形式。可以发现,在 1 个周期中,首先在下侧(或上侧)连续脱落 2 个正向

（或反向）旋转的涡，随后脱落 1 个反向（或正向）旋转的涡；之后在下侧（或上侧）连续脱落 2 个反向（或正向）旋转的涡，随后脱落 1 个正向（或反向）旋转的涡。因此，在每一侧会连续脱落 3 个旋涡。

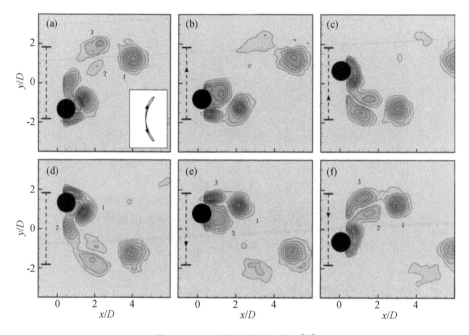

图 6.16　2T 模式尾涡涡量图[12]

由图 6.8 可知，对于 $U_r = 6.5$ 时的加速工况，在施加 $\delta u = \pm 20$ 的扰动之后，运动状态有可能从上端分支跳转到下端分支。为了具体研究扰动后的尾流场变化规律，对在施加扰动后 10 s 左右的时间范围内，时间间隔为 0.5 s 的每一时刻尾流场涡量图进行分析，以揭示其机理。

图 6.17 为 $\delta u = +20$，即位移扰动与原有运动趋势相同时的涡量图。其中，第 1 幅小图表示的是施加位移扰动时刻的流场涡量图，所体现的是受扰动之前的流场信息；之后的小图呈现的是受到位移扰动后的流场涡量图。

在扰动施加之前，如图 6.17 中的第 1 幅小图所示，在 1 个周期内，在圆柱的一侧有 3 个旋涡脱落，其中 2 个涡在同一端（2 号与 3 号），尾涡模式呈现为 2T 模式。此时，圆柱正在从最上端附近向下运动，并且上端已有 1 个蓝色（即逆向）的旋涡脱落。按照正常趋势，在随后的时间中，在圆柱的上侧脱落 1 个蓝色的旋涡后，将会在圆柱的下侧连续脱落 3 个红色旋涡。然而，从第 2 至第

5 幅小图中可以看出,在施加了顺着原有运动趋势的位移扰动之后,圆柱在原有的运动方向产生了一个较大的位移,该扰动位移促进了旋涡的脱落,从而使得在蓝色的旋涡脱落过后,红色的旋涡也不再分 3 次脱落,而是迅速地、完全地脱落,使得在施加扰动后的后一个周期中,尾涡呈现出两侧各有 1 个涡交替脱落的 2S 模式的形态。此时,圆柱两侧的压力差将小于 2T 模式尾涡的压力差,因此使得圆柱的振幅减小。振幅的减小将对旋涡脱落起到抑制作用,导致原本 2T 模式中同一侧脱落的第 2 个与第 3 个涡合并为 1 个。因此,尾涡模式最终逐步转变为 2P 模式,即在每个振动周期内,从圆柱体的后方交替地发放出 2 个旋转方向相反的涡对,使得涡激振动的响应进入下端分支。

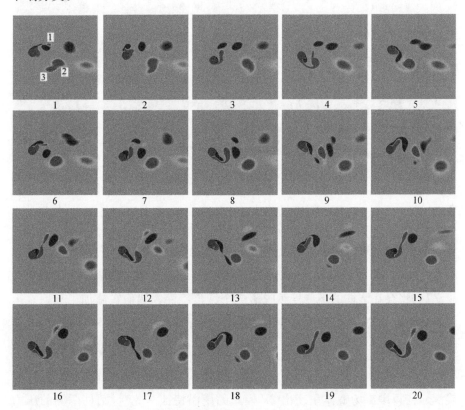

图 6.17　位移扰动后流场涡量图$(U_r = 6.5, \delta u = +20)$

图 6.18 为 $\delta u = -20$,即位移扰动与原有运动趋势相反时的涡量图。同样,第 1 幅小图表示的是施加位移扰动时刻的流场涡量图,所体现的是受扰动

之前的流场信息;之后的小图呈现的是受到位移扰动后的流场涡量图。

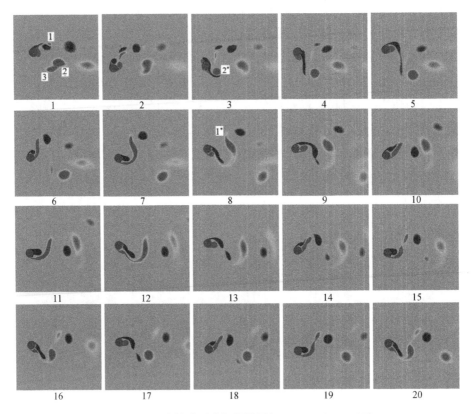

图 6.18 位移扰动后流场涡量图($U_r=6.5,\delta u=-20$)

由图 6.18 可得,与 $\delta u=+20$ 的工况类似,在扰动施加前,尾涡模式呈现出 2T 模式。按照正常趋势,在随后的时间里,在圆柱的上侧脱落 1 个蓝色的旋涡后,将会在圆柱的下侧连续脱落 3 个红色旋涡。然而在施加了与原有运动趋势相反的位移扰动之后,使得旋涡的分离形式发生改变,导致原本 2T 模式中的 2 号与 3 号旋涡合并为一个旋涡(2^* 号)脱落,且 2^* 号旋涡的强度小于 2 号与 3 号旋涡。相应地,原本 2T 模式中的 1 号旋涡的强度增大(成为 1^* 号旋涡),使得尾流场整体呈现出 2P 模式的尾涡特征。此时,圆柱两侧的压力差将会小于 2T 尾涡模式的压力差,因此在随后的周期中,振幅将会维持在较小值,较小的振幅将进一步促使尾涡模式向 2P 模式转变。最终,尾涡模式转变为稳定的 2P 模式,涡激振动的响应进入下端分支。

通过上述分析可以得出,位移扰动使得圆柱涡激振动状态从上端分支跳转到下端分支,主要是通过改变分离点,以及尾涡形态实现的,具体方式:位移扰动促进或抑制当前周期内旋涡的脱落,使得分离点的位置以及两侧旋涡脱落的形式发生改变,减小圆柱两侧的压力差,从而抑制了圆柱的振幅;同时,减小的振幅进一步抑制旋涡的脱落与强度,使得尾涡从2T模式转变为2P模式,并使得涡激振动的响应进入下端分支。

6.4.2 减速工况位移扰动涡量图

由图6.12可知,对于$U_r = 5.8$时的减速工况,在施加$\delta u = -10$的扰动之后,运动状态会从下端分支跳转到上端分支;但施加的扰动$\delta u = +10$时,运动状态未发生改变。为了具体研究扰动后的尾流场变化规律,对施加扰动后6 s的时间范围内,时间间隔为0.4 s的每一时刻尾流场涡量图进行分析,以揭示其机理。

图6.19为$\delta u = +10$,即位移扰动与原有运动趋势相同时的涡量图。其中,第1幅小图表示的是施加位移扰动时刻的流场涡量图,所体现的是受扰动之前的流场信息;之后的小图呈现的是受到位移扰动后的流场涡量图。

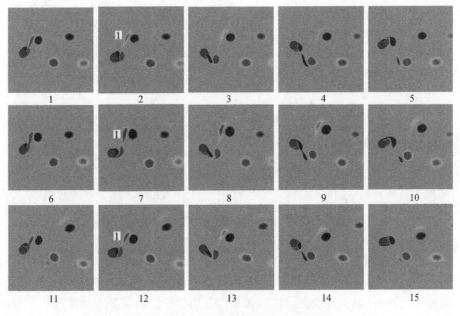

图6.19 位移扰动后流场涡量图$(U_r = 5.8, \delta u = +10)$

在扰动施加之前,如图 6.19 中的第 1 幅小图所示,尾涡模式呈现出 2P 模式,在每个振动周期内,从圆柱体的后方交替地发放出 2 个旋转方向相反的涡对。在施加了顺着原有运动趋势的位移扰动之后,圆柱在原有的运动方向产生了一个较大的位移。对比第 1 行与第 2 行图中的 1 号旋涡可以看出,该扰动位移促进了旋涡的脱落,使得在之后的 1 个周期内,1 号旋涡的强度增加,进而令圆柱两侧的压力差减小,抑制了圆柱的振幅。因此,圆柱的振幅在扰动过后迅速减小,而振幅的减小又导致 1 号旋涡的强度减弱。在振幅与尾涡模式不断的相互作用调节之下,最终两者的状态都回复到初始值,因此最终的运动状态并未发生改变。

图 6.20 为 $\delta u = -10$,即位移扰动与原有运动趋势相反时的涡量图。其中,第 1 幅小图表示的是施加位移扰动时刻的流场涡量图,所体现的是受扰动之前的流场信息;之后的小图呈现的是受到位移扰动后的流场涡量图。

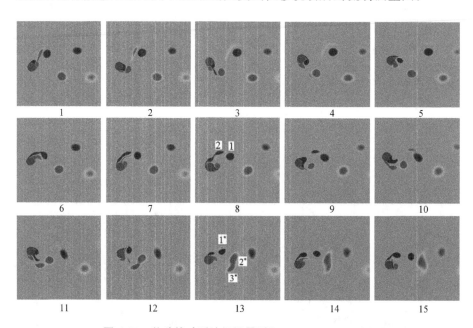

图 6.20 位移扰动后流场涡量图($U_r = 5.8, \delta u = -10$)

由图 6.20 可得,与 $\delta u = +10$ 的工况类似,在扰动施加之前,尾涡模式呈现出 2P 模式,在每个振动周期内,从圆柱体的后方交替地发放出 2 个旋转方向相反的涡对,也就是说在圆柱的每一侧分别会连续脱落 2 个旋涡,但 2 个旋涡的位置分别处于尾流区域的上下方。当施加了与原运动趋势相反的位移扰动之后，改变了运动方向，使得在后一个周期内，原本应该在尾流场下方脱落的1号旋涡的脱离位置变为尾流场的上方，造成了1号与2号旋涡在同一侧脱落，令圆柱两侧的压力差增大，进而使得圆柱的振幅增大。圆柱振幅的增大将会促进旋涡的脱落，使得在1个周期内，每一侧的旋涡分3次脱落，如图中的1*号、2*号与3*号旋涡，呈现出2T模式。随后，在振幅与旋涡模式的相互调节下，涡激振动响应稳定在上端分支，同时尾涡模式稳定为2T模式。

通过上述分析可以得出，对于特定流速及边界条件下，运动状态处于涡激振动下端分支的圆柱，通过施加适当的位移扰动，可以使其分离点以及尾流模式发生改变，进而改变运动状态，跳转到上端分支。在此过程中，扰动的方向将起到至关重要的作用。当扰动的方向与原有运动趋势相同时，在当前周期内，将会促进旋涡的脱落，使分离点提前，在旋涡模式与振幅的相互作用下，运动状态将回复到初始值；当扰动的方向与原有运动趋势相反时，将会改变分离点与旋涡脱落的位置，在旋涡模式与振幅的相互作用下，使得尾涡模式从2P模式变为2T模式，相应地，运动响应从下端分支跳转到上端分支。

6.5 本章小结

为了研究二维与三维圆柱涡激振动之间的关联，本章从涡激振动的分叉现象入手进行研究。首先对低质量阻尼比圆柱涡激振动的迟滞效应展开了研究，分析了迟滞效应的频率、振幅以及轨迹等响应规律，并探究了引起迟滞效应的临界条件。迟滞效应的本质是在边界条件（入流加速度）的变化下产生了分岔解。随后，对位移（分离点）扰动下的圆柱涡激振动响应进行了研究，对扰动分岔的出现区域、响应规律以及临界值进行了分析。其本质是分离点的扰动改变了尾流形态，在尾流形态与位移的耦合作用下，运动状态发生突变。本章的研究表明，对于低质量阻尼比的圆柱，其涡激振动响应在上端分支与下端分支跳跃点附近，根据加速度边界条件的不同，存在3个相对来说较为稳定的解，分别对应于匀速工况、加速工况以及减速工况。其中，匀速工况对应的解最为稳定，在本书所取的位移扰动范围内，不会发生分岔；加速与减速工况对应的解之间,在一定的雷诺数区间范围内,并且在特定形式的位移(分离点)扰动下,可以相互跳转,即发生上端分支与下端分支之间的跳跃。其中,上端分支相对来说更加不稳定,在大于临界值的位移扰动下,有可能跳转到下端分支;而下端分支跳转到上端分支,除了需要大于临界值的扰动,还需要扰动的方向与原有的运动趋势相反。本章所得到的圆柱涡激振动分岔规律将为之后的安全系数修正法的提出提供基础。

第 7 章

阻尼比的影响与安全系数修正法研究

对于涡激振动,阻尼也是非常重要的参数之一。在海洋工程中,阻尼比是用于表征结构阻尼大小的无量纲参数,是反映结构在振动过程中能量耗散的物理量。影响阻尼大小(能量耗散)的因素主要有:(1)材料阻尼,这是阻尼比的主要决定因素之一;(2)流体介质对结构物振动的阻尼;(3)弹簧、固定支座等连接处的阻尼;(4)支座基础散失的能量;(5)制造工艺对振动的阻尼[99]。对于海洋工程中的立管及其他振动系统,影响其振动特征的主要有质量、刚度与阻尼这 3 个参数。当尺寸与材料确定之后,质量与刚度基本就随之确定,改变的空间不大,但对于阻尼参数尚存在一定的改变空间。因此,掌握阻尼比对涡激振动响应的影响规律,对于设计者们对阻尼比参数的考量具有一定的指导意义。同时,研究阻尼比对涡激振动分岔特性产生的影响规律,也将有助于对分岔特性的进一步了解。

基于上述问题,本章将重点分析阻尼比对低质量阻尼比圆柱分岔特性的影响。考虑到工程上立管系统的阻尼比通常较低,即使存在一些改变的空间,也很难实现阻尼比的大幅度改变。另外,已有的研究结果表明,当阻尼比较大时,圆柱涡激振动的振幅会显著减小[100],此时的最大振幅容易满足安全要求,研究高阻尼比时的分岔特性工程意义不大。因此,在本章中,将阻尼比为零,即无阻尼时低质量比圆柱的涡激振动响应与上一章中的低阻尼比的结果进行对比,从而研究在低阻尼比范围内,阻尼比对涡激振动的振动以及分岔规律产生的影响。与上一章类似,主要的研究内容为迟滞现象,以及位移(分离点)扰动下的分岔特性。需要说明的是,由于流体介质对结构物振动的阻尼比较难控制,本书中所研究的阻尼所指的只是结构控制方程式(5-27)与式(5-28)中的结构阻尼,即弹簧的阻尼。

7.1 数值模拟工况

本章中所使用的网格模型与上一章中所使用的完全一致,详见 6.1 节中的介绍。此外,所研究的圆柱的具体参数与上一章类似,只是将阻尼比的值设为零,具体如下:圆柱直径 $D=0.038\,1$ m;质量比 $m^*=2.6$;阻尼比 $\xi=0$;圆柱在静水中的振动固有频率 $f_n=0.4$ Hz。

首先对阻尼比为零时的低质量比圆柱涡激振动迟滞现象进行分析。本章中,主要的计算工况与上一章中的计算工况类似,为加速工况、减速工况以及匀速工况,具体细节详见 6.1 节中的介绍。

7.2 迟滞特性分析

考虑到迟滞现象主要体现在加速与减速工况之间,并且在匀速工况中,局部分岔的特性不明显,本节中只对阻尼比为零时的加速及减速工况进行计算。

7.2.1 最大振幅响应

参照实验中所取的速度区间,分别采用加速与减速工况,对约化速度 $U_r=2\sim14(Re=1\,450\sim10\,200)$、无阻尼的低质量比圆柱的涡激振动进行数值模拟,并取稳定阶段的数据进行分析。各工况下,圆柱双自由度涡激振动横向最大振幅随约化速度的变化规律如图 7.1 所示。此外,将质量阻尼比 $m^*\xi=0.013$,即阻尼比 $\xi=0.005$ 时,加速与减速工况的计算结果(上一章中的计算结果)也绘于图中作为参照。

从图 7.1 中可以看出,阻尼比对振幅的影响大致可以分为 3 个区域,在 3 个区域中,阻尼比的影响各不相同。第 1 个区域为振幅较小的区域,具体为约化速度处于 $U_r<3$ 以及 $U_r>13$ 左右的范围,对应于初始分支的前段以及下端分支的末尾。此时,由于振幅本身较小,阻尼对振幅的影响不明显。第 2 个区域为中间区域,对应于 $3<U_r<4.5$ 以及 $10<U_r<13$ 的范围,即初始分支以及下端分支的后段。在此阶段,阻尼对振幅响应有相对较为显著的影

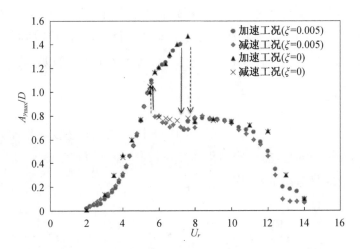

图 7.1 不同阻尼比圆柱横流向最大振幅响应($m^* = 2.6$)

响,无阻尼时,振幅显著增大。第 3 个区域为大振幅区域,具体为约化速度处于 $4.5 < U_r < 10$ 左右的范围,对应于第一阶锁定阶段以及第二阶锁定阶段的前段。在此阶段,振幅较大,但是阻尼对最大振幅的影响依然很小,不过对于上下端分支跳跃点的位置有一定的影响。下面将对具体原因进行分析。

对于第 1 个区域,即小振幅区域,圆柱本身的位移较小。根据公式(5-27)表示的结构控制方程,阻尼产生的能量耗散与圆柱的运动速度成正比。当振幅较小时,圆柱的运动速度也较小,阻尼造成的能量耗散很小,可以忽略不计。因此对于低质量阻尼比的圆柱,阻尼的影响在这一阶段可以忽略。

对于第 2 个区域,即中间区域,当阻尼为零时,可以发现振幅显著增大。根据公式(5-27)表示的结构控制方程,阻尼产生的能量耗散与圆柱的运动速度成正比。在此阶段,圆柱振幅较大,圆柱运动的平均速度也相对较大,因此通过阻尼项耗散的能量相对较多。当阻尼为零时,系统总的机械能将增大,造成最大振幅的增大。同时可以看出,涡激振动具有自限性[101],当振幅进一步增大时,流体力将对圆柱做负功,使得总体机械能保持在有限值范围内。因此,即使弹簧的阻尼为零,涡激振动的振幅也不会无限增大。

对于第 3 个区域,即大振幅区域,圆柱的位移较大。与第 1 个区域类似,阻尼对最大振幅的幅值几乎没有影响,但两者的原因有本质的不同。当振幅较大时,阻尼项造成的能量耗散显然要大于第 2 个区域,然而无阻尼时,振幅并未显著增大。由此可见,在这一区域,涡激振动的自限性起主导作用。圆柱系统总机械能的大小主要通过流体力对圆柱做正功或者负功调节。相比而言,对于低阻尼比的圆柱,阻尼所造成的能量耗散很小,可以忽略不计。

7.2.2 频率响应

与振幅响应相对应,4 种工况下,圆柱的横流向振动主要频率比如图 7.2 所示。需要说明的是,在某些约化速度下,圆柱振动可能出现有多个频率的现象[102],此时只考虑主要频率。

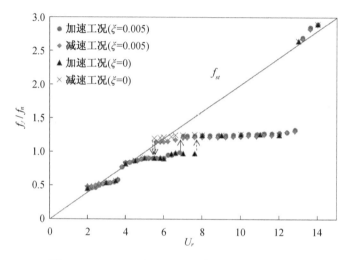

图 7.2 不同约化速度下圆柱横流向最大振幅响应

由图 7.2 可知,对于低质量阻尼比的圆柱涡激振动,阻尼比的大小对各约化速度下频率的取值几乎没有影响。当圆柱涡激振动远离共振区间时,振动频率主要由旋涡脱落频率决定。此时,旋涡脱落的频率往往接近静止圆柱的泄涡频率[103],与阻尼比关系不大。对于锁定阶段,圆柱的振动频率受其振动固有频率的影响较大,固有频率一般与质量及弹簧刚度有关,与阻尼比关系不大。因此,阻尼比的取值对振动频率的影响较小,这与理论相符。

此外可以发现,当阻尼比为零时,一阶锁定区间的范围变大,在加速工况中更加明显,具体表现在上端分支与下端分支跳跃点所对应的约化速度发生变化。当 $\xi=0.005$ 时,跳跃点的约化速度约为 7.2;当 $\xi=0$ 时,跳跃点的约化速度变为 7.8 左右。在减速工况中,上端分支与下端分支跳跃点所对应的约化速度略微减小，但差异很小。除此之外，阻尼比对其他的分支响应几乎没有影响。

综合上述分析可以得出，对于低质量阻尼比圆柱的涡激振动，阻尼比对频率响应的影响主要体现在第一段锁定区间的范围内，阻尼比越小，锁定区间的范围越大。

7.2.3 升力、阻力系数历时曲线

为了考察运动的细节，对加速工况中、典型约化速度下的升力系数与阻力系数的历时曲线进行分析，如图7.3所示。

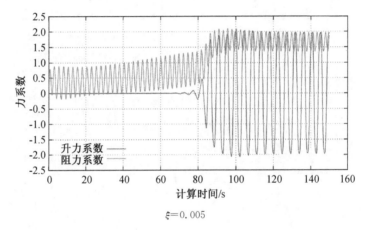

$\xi=0.005$

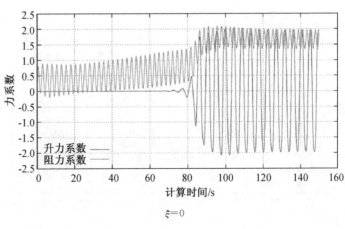

$\xi=0$

(a) $U_r=3$

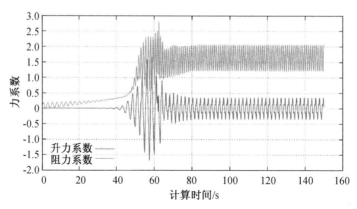

$\xi = 0.005$

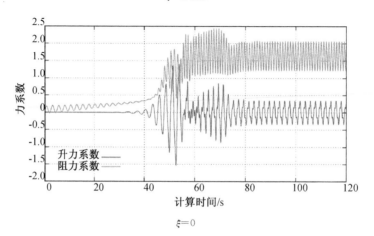

$\xi = 0$

（b）$U_r = 8$

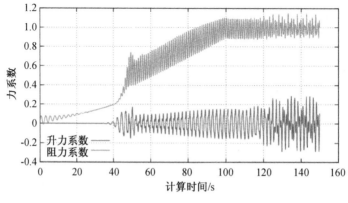

$\xi = 0.005$

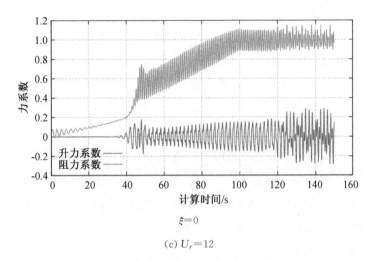

$\xi = 0$

(c) $U_r = 12$

图7.3 不同工况下圆柱的升力、阻力系数历时曲线

图7.3(a)为稳定阶段的约化速度$U_r = 3$时,加速工况计算过程中的升力与阻力系数历时曲线。其中,零时刻时速度为零,并开始匀速增加,当时刻为100 s时,约化速度达到3,此后保持匀速。从图中可以看出,在此约化速度下,将阻尼比取值为0.005或者0时,在整个计算过程中,升力与阻力系数的历时曲线几乎没有区别。综合图7.1以及图7.2的振幅与频率响应可以发现,对于低质量阻尼比圆柱,当$U_r < 3$时,不同阻尼工况下,振幅与频率的响应几乎没有区别。因此,阻尼比对两种工况的运动状态几乎没有影响,相应地,对升力、阻力系数历时曲线的变化趋势也几乎没有影响。

图7.3(b)为稳定阶段的约化速度$U_r = 8$时,加速工况计算过程中的升力与阻力系数历时曲线。其中,零时刻时速度为零,并开始匀速增加,当时刻为80 s时,约化速度达到8,此后保持匀速。在此速度下,阻尼比为0.005与0的工况中,升力与阻力系数的历时曲线产生了较为明显的差异。最直观的差异体现在时刻为65~75 s的区间范围内。在阻尼比为0.005的工况中,时刻到达65 s(对应的约化速度$U_r = 6.5$)左右时,升力与阻力系数的幅值突然大幅降低,预示着振动响应从上端分支跳跃到下端分支;在阻尼为0的工况中,振幅与频率则一直保持较大值,直到时刻为75 s(对应的约化速度$U_r = 7.5$)左右时,升力与阻力系数的幅值突然大幅降低。两个升力与阻力系数突变时刻对应的约化速度与振幅及频率的分支跳跃点均吻合。

此外还可以发现,在时刻为 40～60 s 的时刻范围内,对应于约化速度 $U_r=4\sim6$,即上端分支中段,两个工况下的升力系数与阻力系数虽然具有相同的变化趋势,但可以明显看出,$\xi=0$ 的工况中,升力系数与阻力系数的幅值或者最大值明显小于 $\xi=0.005$ 的工况。从图 7.1 中可以发现,在此阶段中,无阻尼工况的圆柱振幅要大于 $\xi=0.005$ 工况的圆柱振幅。结合位移与升力、阻力系数的幅值,可以对涡激振动自限性的机理进行很好的解释。根据6.2.3节中的升力与位移之间的相位分析以及相关的文献可知[8],在此阶段,升力与位移之间的相位差约为 $0°$,升力对最大位移主要起促进作用。当阻尼减小时,通过阻尼项产生的机械能耗散减小,使得结构的位移增大,此时,作为反馈,升力系数随之减小,令升力对系统的做功减小,使得圆柱的位移始终保持在一定的范围内。

图 7.3(c)为稳定时的约化速度 $U_r=12$ 时,加速工况计算过程中的升力与阻力系数历时曲线。其中,零时刻时速度为零,并开始匀速增加,当时刻为100 s 时,约化速度达到 12,此后保持匀速。$\xi=0.005$ 以及 $\xi=0$ 这两种工况中,升力与阻力系数的历时曲线虽然在细节上有略微的差异(50 s 左右的升力系数幅值),但总体上,特别是稳定阶段中,升力与阻力系数的均值、幅值以及波动趋势基本相同。从图 7.1 所示的振幅响应上看,$U_r=12$ 时,无阻尼工况下的最大振幅也有较为明显的增加,但升力系数并没有像 $U_r=4$ 左右时一样发生减小。根据6.2.3节中的升力与位移之间的相位分析以及相关的文献可知[8],在此阶段,升力与位移之间的相位差约为 $180°$,升力对最大振幅起阻碍作用。因此,随着振幅的增加,升力将对系统做负功,使系统总体机械能减小,仍然体现出"自限作用",使得圆柱的位移始终保持在一定的范围内。

7.3 分离点扰动下的涡激振动分岔特性分析

上一小节研究了在低质量阻尼比圆柱涡激振动系统中阻尼比对迟滞响应的影响,这一小节将继续研究阻尼比对位移(分离点)扰动下涡激振动分岔特性的影响。与上一章中的方法类似,分别对加速、减速以及匀速工况中约化速度在 $U_r=0\sim14$ 范围内的稳定阶段的圆柱施加 $\delta u=0\sim\pm20$ m/s 的脉冲速度扰动(正号代表与原有运动趋势相同,负号代表与原有运动趋势相反），观察升力系数、阻力系数、位移等响应的变化情况。扰动施加方式及计算过程的详细介绍见 6.3 节。此外，为了考察阻尼的影响，模拟圆柱的基本参数如下：圆柱直径 $D = 0.038\ 1\ \text{m}$；质量比 $m^* = 2.6$；阻尼比 $\xi = 0$；圆柱在静水中的振动固有频率 $f_n = 0.4\ \text{Hz}$。

7.3.1 加速工况扰动响应

对加速工况中各约化速度下稳定运动阶段的圆柱分别施加 $\delta u = 0 \sim \pm 20\ \text{m/s}$ 的扰动，扰动后的升力系数与阻力系数以及位移的历时曲线的变化规律如图 6.8 所示的阻尼比 $\xi = 0.005$ 时的对应曲线的扰动后响应规律一致，具体的规律此处不再分析，详见 6.3.2 节的内容。

根据第 6 章的分析，发生分岔的区域主要集中在最大振幅，即上端分支与下端分支的分支跳跃点附近。由图 7.1 和图 7.2，以及其对应的无阻尼工况中的振幅、频率以及升力、阻力系数历时曲线的响应规律可知，在上端分支与下端分支的跳跃点附近，对应于第一段锁定阶段的后段与第二段锁定阶段的初段，属于大振幅区域。此时，圆柱系统总机械能的大小主要由流体力对圆柱做正功或者负功调节，阻尼在这一阶段中所起的作用较小。因此，阻尼对于振幅及振动频率的大小影响不大，并且对升力与阻力系数的幅值及变化趋势也无显著影响。对应于 N-S 方程，在相应的阶段，主要参数与流场特征均无发生明显的变化，因此阻尼对于 N-S 方程的解及其分岔条件未造成明显的影响。

与 6.3.2 节中 $\xi = 0.005$ 的工况类似，当 $\xi = 0$ 时，施加 $0 \sim \pm 20$ 的脉冲速度扰动，仅在上下端分支转换点附近发生了分岔现象。具体存在分岔现象的约化速度与临界扰动值如图 7.4 所示。同样，在发生分岔的工况中，扰动后的响应特性只与扰动大小有关，而与其方向无关，即只与扰动绝对值（$|\delta u|$）有关。因此，在图 7.4 中，横坐标代表稳定段的流场约化速度，纵坐标代表扰动的绝对值（$|\delta u|$）。

对比图 6.11，即 $\xi = 0.005$ 时加速工况的临界扰动值分布图，最直观的差异体现在发生分岔的区间上。当阻尼比 $\xi = 0.005$ 时，在本书所取的扰动值范围内，发生分岔的约化速度区间在 $U_r = 6 \sim 7.2$；当阻尼比 $\xi = 0$ 时，在本书所取的扰动值范围内，发生分岔的约化速度区间在 $U_r = 6 \sim 7.8$。可以发现，

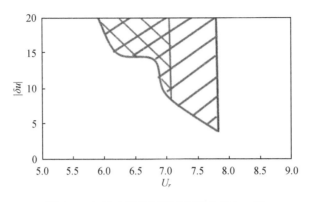

图 7.4　加速工况临界扰动值分布图($\xi=0$)

当阻尼比减小时,容易发生分岔的范围增大,并且与位移及频率响应中的迟滞区域的范围相对应。具体表现为分岔区域的约化速度下限基本不变,但上限增加到新的上端分支与下端分支的跳跃点附近。同时,与 $\xi=0.005$ 的工况类似,在本书所取的扰动形式与范围内,加速工况中,能发生响应突变的区域均处于上端分支。并且可以看出,越接近分支跳跃点,临界扰动的值越小,也就是说,圆柱的运动状态越不稳定,在更小的扰动下就会产生运动状态的突变。

此外还可以发现,阻尼比 $\xi=0$ 的工况中,在阻尼比 $\xi=0.005$ 工况下发生分岔的约化速度范围内($U_r=6\sim7.2$),能令两种阻尼比工况发生分岔的扰动值的范围相等。反映在图 7.4 中,便是网格区域与图 6.11 表示的 $\xi=0.005$ 工况发生分岔的区域几乎完全重合。由此可以判断出,对于低质量阻尼比圆柱涡激振动,随着阻尼比的降低,加速工况中,位移扰动下能发生分岔的区域将在原有的基础上向新的上下端分支跳跃点所在的约化速度扩展,并且随着速度的增大,临界扰动值越来越小。

7.3.2　减速工况扰动响应

运用相同的方法,对减速工况中,相同约化速度范围内,稳定运动阶段的圆柱分别施加 $\delta u=0\sim\pm20$ m/s 的脉冲速度扰动。同样,扰动后的升力系数与阻力系数以及位移的历时曲线的变化规律如图 6.12 所示的阻尼比 $\xi=0.005$ 时的对应曲线的扰动后响应规律一致,具体的规律此处不再分析,详见

6.3.3 节的内容。由此可以得出,对于低质量阻尼比的圆柱涡激振动,其受到位移扰动后的运动响应规律与阻尼比的关系不大,具体的原因已在 7.2.1 节中分析。此外,减速工况中,阻尼比 $\xi=0$ 时的振幅与频率的分岔特性也与 6.3.3 节中阻尼比 $\xi=0.005$ 时的规律类似,此处也不再作详细的分析。

减速工况中的临界扰动值分布如图 7.5 所示。与有阻尼的工况类似,在减速工况中,扰动后的响应特性除了与扰动大小有关,还与扰动的方向有关。因此,在图 7.5 中,横坐标代表稳定段的流场约化速度(U_r),纵坐标代表扰动值(δu),正负代表方向。

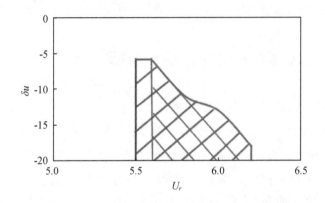

图 7.5　减速工况临界扰动值分布图 ($\xi=0$)

对比图 6.15,即 $\xi=0.005$ 时减速工况的临界扰动值分布图,同样,当阻尼减小时,在分叉区间上发生了变化,并且能发生响应突变的区域均处于下端分支。当阻尼比 $\xi=0.005$ 时,在本书所取的扰动值范围内,发生分岔的约化速度区间在 $U_r=5.6\sim6.2$;当阻尼比 $\xi=0$ 时,在本书所取的扰动值范围内,发生分岔的约化速度区间在 $U_r=5.5\sim6.2$。与加速工况类似,当阻尼比减小时,容易发生分岔的范围增大,并且与位移及频率响应中的迟滞区域的范围相对应,具体表现为分岔区域的约化速度上限基本不变,但下限增加到新的上端分支与下端分支的跳跃点附近。然而,在这两种阻尼工况下,下端分支与上端分支之间的跳跃点所对应的约化速度区别不大。

此外,在 $U_r=6\sim7.2$ 的速度范围内,能令两种阻尼比工况发生分岔的扰动值的范围相等。反映于图 7.5 中,便是网格区域与图 6.15 表示的 $\xi=0.005$ 工况发生分岔的区域几乎完全重合。由此可以判断出,对于低质量阻尼比圆柱涡激振动,随着阻尼比的降低,加速工况中,位移扰动下能发生分岔的区域将在原有的基础上向新的上下端分支跳跃点所在的约化速度扩展,但与加速工况相比,扩展的范围相对较小。从 7.2 节中的振幅、频率及升力、阻力系数的变化规律上可以看出,在减速工况发生分岔的约化速度范围内(对应于 $U_r = 5.5 \sim 6.2$),阻尼对圆柱涡激振动响应的影响相对较小,因此对于分岔特性的影响也相对较小。

简而言之,对于低质量阻尼比的圆柱涡激振动,阻尼比的减小将使得加速与减速工况中位移扰动的分岔区域增大,且相对来说更容易发生分岔。此外,阻尼比的影响主要体现在加速工况中,而对于减速工况的影响相对较小。

7.4 分离点扰动分岔特性综合分析

综合低质量阻尼比圆柱涡激振动分岔特性的分析,可以发现迟滞现象与分离点扰动后的响应分岔现象具有一定的相关性。对于迟滞现象,圆柱的涡激振动响应在不同形式的流速边界条件(加速、减速或匀速)中存在差异,且差异主要集中在迟滞区域,即初始分支、上端分支与下端分支相互的转变点附近。此外,迟滞区域的振动响应只有 3 个稳定的状态,只取决于流场加速度的方向以及是否大于临界值。其中,综合振幅与频率的分析可以得出加速与减速两种工况的解在较大的雷诺数范围内均相同,只是在迟滞区域附近发生分岔,可以认为是在迟滞区域发生局部分岔;而匀速工况对应的解在全局上均与其他两个解存在一定的差异,可以视为是全局上的一个分岔。3 个分岔解之间的关系如图 7.6 所示(实线部分),其中 a 表示入流速度的加速度。

对于位移扰动后的圆柱涡激振动响应,在本书所取的扰动范围内,能发生分岔的范围仅处于迟滞区域中,具体应于图 7.6 中实线圈所包括的部分,并且分岔的形式也仅为从当前所在的分支(上端分支或者下端分支)跳跃到另一分支(下端分支或者上端分支),发生分岔的条件主要取决于位移扰动的方向及大小,即分离点及尾流形态的扰动形式。在加速工况($a > 0$)中,施加位移扰动后的响应与扰动方向无关,只需要扰动大于临界值;但是在减速工况($a < 0$)中,扰动响应还取决于扰动施加的方向,只有在与原有运动趋势反向的扰动下,才有可能发生分岔。另外,匀速工况所对应的运动状态相对来说

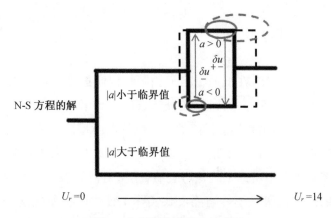

图 7.6　迟滞现象分岔示意图

较为稳定,在本书所施加的位移(速度)扰动范围内,未发生分岔现象。

阻尼比(减小)对低质量阻尼比圆柱涡激振动分岔特性的影响主要体现在图 7.6 中的虚线部分。其中,对加速工况影响较大,阻尼比的减小使得第一阶锁定阶段的范围增大,具体表现为上端分支与下端分支的分支跳跃点所对应的约化速度增大。相应地,在位移扰动下能发生分岔的约化速度范围区间也在原来的基础上扩充至新的上下端分支的分支跳跃点所对应的约化速度,且扩充区域更容易发生分岔。类似地,对减速工况也有相似的影响,但相对来说影响较小。

除此之外,对于低质量阻尼比的圆柱,阻尼比的减小会造成第一个锁定区间的前段以及第二个锁定区间中段的振幅有所增加,但增幅有限。此外,阻尼比对其他区域的影响较小,这主要是由涡激振动的自限性造成的。具体表现:在第一个锁定区间的前段,升力与位移几乎同相,当阻尼比减小造成机械能耗散减小时,升力系数会相应地减小,以减少升力的做功,减少能量输入;在第二个锁定区间中段,升力与位移几乎反相,因此当振幅增大时,升力将对系统做更多负功;对于其他区域,流体力对系统机械能的调节占主要作用,阻尼的作用较小,基本可以忽略。因此,即使结构阻尼降为零,涡激振动的振幅也不会无限增大,始终保持在一定的范围内。需要说明的是,本书的研究对象为低质量阻尼比圆柱,阻尼比本身都比较低,因此所得出的阻尼增大或者减小对涡激振动响应的影响,本身都是在低阻尼比的范畴。

7.5 安全系数修正法

由上文的分析可知,在低质量阻尼比圆柱涡激振动的最大振幅附近,圆柱的涡激振动响应存在分岔特性,在分离点的扰动下,有可能使得运动状态发生突变。对于用雷诺平均法模拟的二维圆柱涡激振荡工况,在最大振幅附近,由于对旋涡分离点计算的偏后会导致上端分支提前跳跃到下端分支,因此,工程上若是想要用雷诺平均法,用二维模型对涡激振动最大振幅进行预测,所求得的最大振幅并不一定能反映实际工程中圆柱所能达到的最大振幅。产生误差的原因除了数值计算本身的误差,还与三维效应的缺失有关。很难通过单纯地修改湍流模型的方法,在二维模型中体现三维效应。

7.5.1 安全系数的计算

虽然通过本书采用的位移扰动法可以对分离点的扰动进行一定程度上的模拟,但在实际情况中,三维效应影响下的尾流场更加复杂,几乎不可能通过简单地在数值模拟过程中改变或添加特定形式的边界条件或者参数扰动的形式,体现所有的三维效应细节。因此,在由本书中的改进 SST 湍流模型求得的最大振幅的基础上乘以一个安全系数,是较为合理的对策。本节的目的是在上文研究成果的基础上,提出一个安全系数的计算方法,进而提出针对振幅响应曲线的"安全系数修正法"。

考虑到无阻尼(弹簧阻尼)时,总体振幅较大,分岔特性更加明显,因此选择弹簧阻尼比为零的工况进行研究。另外,考虑到最大振幅一般只出现在加速工况中,因此对加速工况进行重点分析。分析图 7.4 所示的加速工况临界扰动值分布图,虽然在约化速度 $U_r = 7.8$ 时,运动响应已跳转为下端分支,且在位移扰动下不再发生分岔,但我们不妨假设在实际情况中,在一定的边界条件下(三维效应的影响下)存在一种极限工况,在这种极限工况中系统阻尼更小,圆柱涡激振动的状态可以尽可能地保持在上端分支(当 $U_r > 7.8$ 时仍然可以保持在上端分支),并且同样能在位移的扰动下发生分岔,且临界位移扰动值的变化趋势不变。在这种情况下,临界扰动值 $\delta u = 0$ 时所对应的流场约化速度可以被认为是该工况中上端分支与下端分支之间的跳跃点所对应的流速。对应图 7.4,顺着原有临界扰动值的变化趋势,将其在 $U_r > 7.8$ 的区域内继续延伸,求得的延伸线的交点可以大致被认为是极限工况下,上端分支与下端分支的跳跃点所对应的约化速度。

具体的操作过程如图 7.7 所示,在 A 点处添加已有临界扰动值曲线的趋势线,与 x 轴大致相交于 $U_r = 8.5$ 处。由此可以提出假设:在能达到最大振幅的极限工况下,上端分支与下端分支的跳跃点对应的约化速度大约在 $U_r = 8.5$。

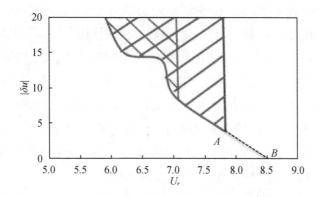

图 7.7 加速工况临界扰动值趋势线($\xi = 0$)

运用类似的方法,可以在图 7.1 所示的约化速度-最大横流向振幅图中添加振幅的趋势线,并将其假设为极限工况的位移响应,如图 7.8 中的虚线所示。

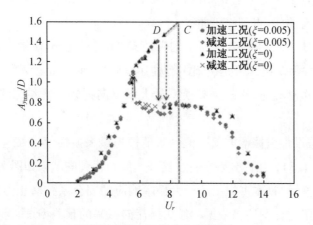

图 7.8 涡激振动最大振幅响应趋势线($m^* = 2.6$)

由图 7.8 可得,添加的趋势线与约化速度 $U_r = 8.5$ 的交点 C 处的最大幅值约为 1.6D,由此可以认为,极限工况的最大振动幅值约为 1.6D。定义安全系数为 S_{Ay},则安全系数的取值可以近似表示为 S_{Ay}=理论上最大振幅 / 数值模拟中最大振幅,即 C 点与 D 点的幅值之比。因此有 $S_{Ay} = 1.6D / 1.45D \approx 1.1$。

7.5.2　最大振幅响应的安全系数修正法

综合上一小节的分析,本书给出了运用雷诺平均法,更准确地预测工程中低质量阻尼比圆柱涡激振动可能达到的最大振幅的方法:运用改进 SST 湍流模型以及本书给出的加速工况的流速设置方法,计算圆柱的振幅响应,求得最大振幅,并在此基础上乘以安全系数 $S_{Ay} = 1.1$,所得的最终结果便可以认为是工程中可能达到的最大振幅。考虑到低质量阻尼比圆柱之间的涡激振动响应规律相近,且无阻尼时振幅最大,由此可以认为,上一节中基于无阻尼低质量比圆柱涡激振动振幅响应所得到的安全系数对于其他的低质量阻尼比圆柱涡激振动也具有一定的普适性,且相对安全。

根据这一思路,可以对低质量阻尼比圆柱加速工况的约化速度-最大横流向振幅曲线进行修正,主要可以分为以下 3 个步骤:(1) 将数值模拟结果中的最大振幅乘以安全系数 $S_{Ay}(S_{Ay} = 1.1)$,得到修正最大振幅的预测值;(2) 将原约化速度-最大横流向振幅曲线在最大振幅处沿着其变化趋势继续延伸,直到最大振幅达到实际最大振幅的预测值;(3) 将得到的趋势线替换相应约化速度下的原有曲线,得到修正曲线。

按照上述方法,对图 6.2 所示的直径 $D = 0.038\ 1$ m,质量比 $m^* = 2.6$,质量阻尼比 $m^* \xi = 0.013$(ξ 为阻尼比),圆柱在静水中的振动固有频率 $f_n = 0.4$ Hz 的圆柱涡激振动改进 SST 湍流模型最大横流向振幅计算结果进行修正(见图 7.9)。

首先,假设最大振幅的预测值=数值模拟最大振幅值×安全系数 $S_{Ay} = 1.4 \times 1.1 = 1.54$。然后分别执行步骤(2)、(3),得到的结果如图 7.9 所示。

由图 7.9 可得,本书提出的最大振幅响应的安全系数修正方法可以显著提升低质量阻尼比圆柱涡激振动最大横流向振幅的预测精度,特别是对最大振幅附近,修正曲线对振幅幅值以及分支跳跃点的预测更加准确,与实际结

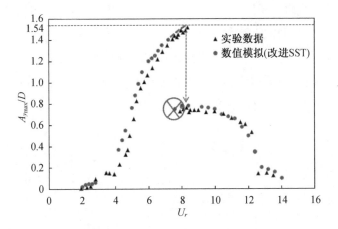

图 7.9 最大振幅响应修正曲线($m^* = 2.6, m^* \xi = 0.013$)

果非常接近。此外,当雷诺数较大、尾流场为完全湍流时,本书中改进的 SST 湍流模型对于其他区域的振幅响应都具有较高的计算精度。由此可以证明,结合本书提出的改进 SST 湍流模型以及安全系数修正法,可以对低质量阻尼比圆柱涡激振动的最大横流向振幅响应进行较为精确且快速的预测。

7.6 本章小结

本章的主要目的是考察阻尼比对低质量阻尼比圆柱涡激振动分岔特性的影响,并基于对分岔现象规律的研究,提出安全系数修正法。首先对阻尼比为零时低质量阻尼比圆柱涡激振动分岔特性进行分析,主要得到以下结论:(1)阻尼比的减小会导致第一阶锁定阶段的范围增大,具体表现为上端分支与下端分支之间的跳跃点更加延后。相应地,在大于临界值的位移扰动下能发生分岔的约化速度范围区间,也在原来的基础上扩充至新的上下端分支的分支跳跃点所对应的约化速度,且扩充区域更容易发生分岔。(2)阻尼比的减小会导致第一个锁定区间的前段以及第二个锁定区间中段的振幅有所增加,但涡激振动的自限作用会令振幅增幅有限,并且在其他区域,阻尼比对涡激振动响应的影响较小。工程上,为了尽可能地减小锁定区间的范围以及总体的振幅,应当尽可能地增大系统的阻尼。另外,运用本书中提出的安全系数修正法,可以对二维圆柱涡激振动横流向最大振幅响应进行修正,使其接近三维模型的预测精度。主要可以分为以下 3 个步骤:(1) 将数值模拟结果中的最大振幅乘以安全系数 S_{Ay}($S_{Ay}=1.1$),得到修正的最大振幅的预测值;(2) 将原约化速度-最大横流向振幅曲线在最大振幅处沿着其变化趋势继续延伸,直到最大振幅达到实际最大振幅的预测值;(3) 将得到的趋势线替换对应约化速度下的原有曲线,得到修正曲线。

第 8 章

结 论

　　低质量阻尼比圆柱是海洋工程中最常见的结构之一。本书主要针对运用数值模拟法计算低质量阻尼比圆柱涡激振动的过程中所存在的问题,对产生问题的原因进行了机理性分析,并分别提出有针对性的改进措施。主要针对圆柱涡激振动,优化了大涡模拟法的并行计算及网格模型策略;提出了(雷诺平均法)改进 SST 湍流模型表达式。在此基础上,运用改进 SST 湍流模型对低质量阻尼比圆柱涡激振动的分岔特性进行了研究,主要对涡激振动的迟滞以及位移(分离点)扰动下的分岔响应以及阻尼参数对分岔特性的影响规律进行了数值模拟研究,并基于分岔特性的研究成果,提出了涡激振动最大振幅响应曲线的安全系数修正法。

　　本书的具体内容及结论如下。

　　(1) 采用大涡模拟法,对三维低质量阻尼比圆柱涡激振动工况进行计算,运用大涡模拟法研究涡激振动中的三维效应。三维效应的具体表现:升力与阻力系数的历时曲线变得更加多频且无规则;各截面的泄涡不同步,并且还有垂向移动的涡;尾流场更加紊乱,甚至出现多种尾涡模式。二维模型中,三维效应的缺失会造成最大振幅附近的尾流场以及分离点的计算结果出现偏差。与此同时,为了克服大涡模拟耗时过大的缺点,研究了在不同并行计算方式下,大涡模拟的精度与计算效率,探究适用于圆柱绕流及大涡模拟的最佳并行计算策略,并通过展向网格层数为 1~64 的三维模型的大涡模拟法计算结果分析,研究展向网格数对大涡模拟精度的影响。经过研究发现,当对计算速度要求较高且计算机内存充足时,尽量采用尽可能多的处理器进行计算最为合理,并行计算效率约为 30%。此外,为了获得较高的精度以及计算效率,在划分并行计算子计算域时,应尽量避免复杂的数据交互面,并尽量使子计算域之间的差异减小。对应三维圆柱绕流及涡激振动问题,最佳的并行子区域划分方式为沿圆柱展向的方向均匀划分。另外,当展向网格数过少时,大涡模拟法会产生较大的误差,使得升力系数、阻力系数以及 St 数的数值偏大,且三维效应的体现不充分,造成误差的主要原因是 z 向网格层数过少,节点数量不够,无法准确模拟 z 向的流动特征以及湍动能的耗散。为了使得大涡模拟法获得较高的精度,较为充分地计算 z 向的湍动能的耗散,令计算结果相对精确,除了需要满足展向的长度与网格尺寸满足特定的要求之外,展向网格层数应当至少大于 48。

（2）运用雷诺平均法研究了三维效应的缺失对二维涡激振动数值模拟结果的影响。研究结果表明,在最大振幅附近,即上端分支与下端分支的跳跃点附近,三维效应的缺失会造成二维模型计算的边界层分离点偏后,使得二维模型涡激振动响应会过早地从上端分支跳转到下端分支,无法准确预报最大振幅。此外,针对 SST 湍流模型在计算低质量阻尼比圆柱涡激振动过程中,尾流场为完全湍流时计算的振幅偏小的问题,在 SST 湍流方程的比耗散率方程中添加了额外的湍动能生成项。通过对二维圆柱绕流以及涡激振动算例的计算结果进行分析,证明了改进 SST 湍流模型对低质量阻尼比圆柱涡激振动具有更高的计算精度,具体表现为在一定程度上增加圆柱绕流以及涡激振动尾流场旋涡的强度,提升圆柱绕流的升力系数以及涡激振动的振幅,使旋涡的分离点提前,对于旋涡脱落的频率则几乎没有影响。

（3）运用改进 SST 湍流模型,从涡激振动的分叉现象入手,研究二维与三维涡激振动之间的关联。研究结果表明,对于低质量阻尼比的圆柱,其涡激振动响应在上端分支与下端分支跳跃点附近,根据流场加速度（边界条件）的不同,存在 3 个相对来说较为稳定的解,分别对应匀速工况、加速工况以及减速工况。此外,位移（分离点）的扰动也能使涡激振动的响应发生分岔。加速与减速工况对应的解之间,在分支跳跃点附近,并且在适当的位移扰动下,可以相互跳转,即发生上端分支与下端分支之间的跳跃。其中,上端分支相对来说更加不稳定,在大于临界值的位移扰动下,有可能跳转到下端分支;而下端分支跳转到上端分支,除了需要大于临界值的位移扰动,还需要扰动的方向与原有的运动趋势相反。位移（分离点）扰动分岔的本质是分离点的扰动改变了尾流形态,在尾流形态与位移的耦合作用下,运动状态发生突变。

（4）考察阻尼比对低质量阻尼比圆柱涡激振动分岔特性的影响,对阻尼比为零时低质量阻尼比圆柱涡激振动的迟滞以及位移扰动下的分岔特性进行数值研究。主要得到以下结论:阻尼比的减小会导致第一阶锁定阶段的范围增大,具体表现为上端分支与下端分支的分支跳跃点更加延后。相应地,在大于临界值的位移扰动下能发生分岔的约化速度范围区间,也在原来的基础上扩充至新的上下端分支的分支跳跃点所对应的约化速度,且扩充区域相对更容易发生分岔。此外,阻尼比的减小会导致第一个锁定区间的前段以及第二个锁定区间中段的振幅有所增加,但涡激振动的自限作用会令振幅增幅有限,并且在其他区域,阻尼比对涡激振动响应的影响较小。其中自限作用的具体表现:在第一个锁定区间的前段,升力与位移几乎同相,当阻尼比减小造成机械能耗散减小时,升力系数会相应地减小,以减少升力的做功,从而减少能量输入;在第二个锁定区间中段,升力与位移几乎反相,因此当振幅增大时,升力将对系统做更多负功;对于其他区域,流体力对系统机械能的调节占主要作用,阻尼的作用较小,基本可以忽略。因此,即使结构阻尼降为零,涡激振动的振幅也不会无限增大,始终保持在一定的范围内。

（5）针对二维圆柱涡激振动分支跳跃点靠前的问题,基于分岔特性的研究成果,提出适用范围为亚临界雷诺数的低质量阻尼比圆柱涡激振动振幅曲线的安全系数修正法,使修正后的涡激振动最大振幅曲线二维模型预报结果接近三维模型的预报精度。安全系数修正法的具体实施步骤为:①将二维涡激振动数值模拟结果中的最大振幅乘以安全系数 S_{Ay}(取值 1.1),得到修正最大振幅的预测值;②将原约化速度-最大横流向振幅曲线在最大振幅处沿着其变化趋势继续延伸,直到最大振幅达到实际最大振幅的预测值;③将得到的趋势线替换相应约化速度下的原有曲线,得到修正曲线。

本书通过对低质量阻尼比圆柱形结构涡激振动响应分岔特性的研究,对涡激振动机理进行了深入阐释,并基于此提出了针对最大振幅响应曲线的安全系数修正法,实现了对低质量阻尼比圆柱涡激振动最大振幅更加快速与精确的预报(以二维的计算量达到三维的精度),从而能为海洋工程中柱形结构的设计提供一定的指导。

参考文献

［ 1 ］宋吉宁. 立管涡激振动的实验研究与离散涡法数值模拟[D]. 大连：大连理工大学，
2012.

［ 2 ］江怀友，潘继平，邵奎龙，等. 世界海洋油气资源勘探现状[J]. 中国石油企业，
2008，(3)：77-79.

［ 3 ］Sarpkaya T. A critical review of the intrinsic nature of vortex-induced vibrations[J].
Journal of Fluids & Structures，2004，19(4)：389-447.

［ 4 ］高云. 钢悬链式立管疲劳损伤分析[D]. 大连：大连理工大学，2011.

［ 5 ］秦伟. 双自由度涡激振动的涡强尾流振子模型研究[D]. 哈尔滨：哈尔滨工程大学，
2013.

［ 6 ］陈伟民，付一钦，郭双喜，等. 海洋柔性结构涡激振动的流固耦合机理和响应[J].
力学进展，2017，47(1)：25-91.

［ 7 ］余金伟，冯晓锋. 计算流体力学发展综述[J]. 现代制造技术与装备，2013，(6)：25
-26+28.

［ 8 ］Kang Z，Ni W，Sun L. A numerical investigation on capturing the maximum trans-
verse amplitude in vortex induced vibration for low mass ratio[J]. Marine Struc-
tures，2017，52：94-107.

［ 9 ］Klamo J T. Effects of damping and Reynolds number on vortex-induced vibrations
[D]. Pasadena：California Institute of Technology，2007.

［10］Khalak A，Williamson C H K. Dynamics of a hydroelastic cylinder with very low
mass and damping[J]. Journal of Fluids & Structures，1996，10(5)：455-472.

［11］Feng C C. The measurement of vortex-induced effects on flow past stationary and
oscillating circular D-section cylinders[D]. Vancouver：University of British Colum-
bia，2011.

［12］Govardhan R. Modes of vortex formation and frequency response of a freely vibrating cylinder[J]. Journal of Fluid Mechanics, 2000, 420: 85-130.

[13] Jauvtis N, Williamson C H K. The effect of two degrees of freedom on vortex-induced vibration at low mass and damping[J]. Journal of Fluid Mechanics, 2004, 509: 23-62.

[14] Sanchis A, Sælevik G, Grue J. Two-degree-of-freedom vortex-induced vibrations of a spring-mounted rigid cylinder with low mass ratio[J]. Journal of Fluids & Structures, 2008, 24(6): 907-919.

[15] Kang Z, Ni W, Sun L. An experimental investigation of two-degrees-of-freedom VIV trajectories of a cylinder at different scales and natural frequency ratios[J]. Ocean Engineering, 2016, 126: 187-202.

[16] Bishop R E D, Hassan A Y. The Lift and Drag Forces on a Circular Cylinder Oscillating in a Flowing Fluid[J]. Proceedings of the Royal Society of London, 1964, 277 (1368): 51-75.

[17] Hartlen R T. Lift-oscillator model of vortex-induced vibration[J]. Journal of the Engineering Mechanics Division, 1970, 96(5): 577-591.

[18] Griffin O M, Skop R A. The vortex-induced oscillations of structures[J]. Journal of Sound & Vibration, 1976, 44(2): 303-305.

[19] Farshidianfar A, Zanganeh H. A modified wake oscillator model for vortex-induced vibration of circular cylinders for a wide range of mass-damping ratio[J]. Journal of Fluids & Structures, 2010, 26(3): 430-441.

[20] Sarpkaya T. Fluid forces on oscillating cylinders[J]. Journal of Waterway, Port, Coastal, and Ocean Engineering, 1978, 104(3): 275-290.

[21] Goswami I, Scanlan R H, Jones N P. Vortex shedding from circular cylinders: Experimental data and a new model[J]. Journal of Wind Engineering & Industrial Aerodynamics, 1992, 41(1-3): 763-774.

[22] Stappenbelt B, Lalji F, Tan G. Low mass ratio vortex-induced motion[C]. Proceedings of the 16th Australasian Fluid Mechanics Conference, 2007: 1491-1497.

[23] Cimarelli A, Leonforte A, Angeli D. Direct numerical simulation of the flow around a rectangular cylinder at a moderately high Reynolds number[J]. Journal of Wind Engineering & Industrial Aerodynamics, 2018, 174: 39-49.

[24] Jiang H, Liang C, Scott D, et al. Three-dimensional direct numerical simulation of wake transitions of a circular cylinder[J]. Journal of Fluid Mechanics, 2016, 801:

参考文献

133

353-391.

[25] Hwang J Y，Yang K S，Bremhorst K. Direct numerical simulation of turbulent flow around a rotating circular cylinder[J]. Journal of Fluids Engineering，2007，129(1)：40-47.

[26] Celik I，Shaffer F D. Long Time-Averaged Solutions of Turbulent Flow Past a Circular Cylinder[J]. Journal of Wind Engineering & Industrial Aerodynamics，1995，56(2-3)：185-212.

[27] Franke R，Rodi W. Calculation of Vortex Shedding Past a Square Cylinder with Various Turbulence Models[M]. Springer Berlin Heidelberg，1993：189-204.

[28] Unal U，Atlar M，Omer G. Effect of turbulence modelling on the computation of the near-wake flow of a circular cylinder[J]. Ocean Engineering，2010，37(4)：387-399.

[29] Pan Z Y，Cui W C，Miao Q M. Numerical simulation of vortex-induced vibration of a circular cylinder at low mass-damping using RANS code[J]. Journal of Fluids & Structures，2007，23(1)：23-37.

[30] Medic G. Etude mathématique des modèles aux tensions de Reynolds et simulation numérique d'écoulements turbulents sur parois fixes et mobiles[J]. Bibliogr，1999.

[31] Liang C，Papadakis G. Large eddy simulation of pulsating flow over a circular cylinder at subcritical Reynolds number[J]. Computers & Fluids，2007，36(2)：299-312.

[32] 端木玉，万德成. 不同长细比圆柱绕流的大涡模拟[J]. 水动力学研究与进展 A 辑，2016，31(3)：295-302.

[33] Anderson J. Ludwig Prandtl's Boundary Layer[J]. Physics Today，2005，58(12)：42-48.

[34] 张亮，李云波. 流体力学[M]. 哈尔滨:哈尔滨工程大学出版社，2001.

[35] Williamson C H K，Govardhan R. A brief review of recent results in vortex-induced vibrations[J]. Journal of Wind Engineering & Industrial Aerodynamics，2008，96(6-7)：713-735.

[36] Spalart P R. Strategies for turbulence modelling and simulations[J]. International Journal of Heat & Fluid Flow，1999，21(3)：252-263.

[37] 张兆顺，崔桂香，许春晓. 湍流理论与模拟[M]. 北京:清华大学出版社，2005.

[38] 张翰钦，陈明，孙国仓. 圆柱绕流噪声预报的流场与声场模拟方法对比研究[J]. 噪

声与振动控制, 2016, 36(3): 26-31.

[39] You D, Moin P. A dynamic global-coefficient subgrid-scale eddy-viscosity model for large-eddy simulation in complex geometries[J]. Physics of Fluids, 2007, 19(6): 125109.

[40] Saeedi M, Wang B C. Large-Eddy Simulation of Turbulent Flow Around a Finite-Height Wall-Mounted Square Cylinder Within a Thin Boundary Layer[J]. Flow Turbulence & Combustion, 2016, 97(2): 513-538.

[41] Alqadi I, Alhazmy M, Al-Bahi A, et al. Large Eddy Simulation of Flow Past Tandem Cylinders in a Channel[J]. Flow Turbulence & Combustion, 2015, 95(4): 621-643.

[42] Sagaut P, Deck S. Large eddy simulation for aerodynamics: status and perspectives [J]. Philosophical Transactions Mathematical Physical & Engineering Sciences, 2009, 367(1899): 2849-2860.

[43] 陈纪德. 关于临界雷诺数[J]. 中国大学教学, 1986, (4): 30.

[44] 王玲玲. 大涡模拟理论及其应用综述[J]. 河海大学学报(自然科学版), 2004, 32 (3): 261-265.

[45] Lilly D K. The representation of small-scale turbulence in numerical experiment[C]. Ibm Scientific Computing Symposium on Environmental Sciences, 1967: 195-210.

[46] Vladimir N Vapnik. 统计学习理论[M]. 许建华, 张学工, 译. 北京:电子工业出版社, 2015.

[47] Nicoud F, Ducros F. Subgrid-Scale Stress Modelling Based on the Square of the Velocity Gradient Tensor[J]. Flow Turbulence & Combustion, 1999, 62(3): 183-200.

[48] Adams N A, Hickel S. Implicit Large-Eddy Simulation: Theory and Application [M]. Springer Berlin Heidelberg, 2009: 743-750.

[49] Kravchenko A G, Moin P. Numerical studies of flow over a circular cylinder at ReD =3900[J]. Physics of Fluids, 2000, 12(2): 403-417.

[50] Breuer M. Large eddy simulation of the subcritical flow past a circular cylinder: numerical and modeling aspects[J]. International Journal for Numerical Methods in Fluids, 1998, 28(9): 1281-1302.

[51] 张斌. 大涡模拟滤波网格分析及网格自适应控制研究与应用[D]. 上海:上海交通大学, 2011.

［52］Löhner R. An adaptive finite element scheme for transient problems in CFD［M］. Elsevier Sequoia S. A. ，1987：323-338.

［53］陈国良. 并行计算:结构・算法・编程［M］. 北京:高等教育出版社，2011.

［54］米淼. 并行算法性能评测及并行监测工具关键技术的研究与实现［D］. 长沙:中国人民解放军国防科学技术大学，2003.

［55］黄智勇. 柔性立管涡激振动时域响应分析［D］. 上海:上海交通大学，2008.

［56］龚友平，陈国金，陈立平. 基于切片方法截面数据处理［J］. 计算机辅助设计与图形学学报，2008，20(3)：321-325.

［57］张立. 浮力筒涡激运动的大涡数值模拟［D］. 哈尔滨:哈尔滨工程大学，2016.

［58］乔亚森. 二维串列双圆柱流场的大涡模拟和噪声分析［J］. 化学工程与装备，2011，(1)：54-56.

［59］王雅赟，王本龙，刘桦. 二维水翼片空泡脱落及云空化数值模拟［J］. 水动力学研究与进展，2014，29(2)：175-182.

［60］郭延祥，唐学林，陈雄盛，et al. 大涡模拟在河道平面二维水流模拟中的初步应用［J］. 水运工程，2015，(5)：112-116.

［61］蒋昌波，吕昕，杨宜章，et al. 丁坝绕流的二维大涡数值模拟［J］. 交通科学与工程，1999，15(3)：68-72.

［62］何子干，倪汉根. 大涡模拟法的二维形式［J］. 水动力学研究与进展，1994，(1)：30-36.

［63］苑明顺. 高雷诺数圆柱绕流的二维大涡模拟［J］. 水动力学研究与进展，1992，(a12)：614-622.

［64］苑明顺. 圆柱绕流二维大涡模拟与涡量耗散［C］. 中国科学技术协会首届青年学术年会论文集(工科分册・上册)，1992.

［65］Kang Z，Ni W，Zhang L，et al. An experimental study on vortex induced motion of a tethered cylinder in uniform flow［J］. Ocean Engineering，2017，142：259-267.

［66］Zdravkovich M M. Conceptual overview of laminar and turbulent flows past smooth and rough circular cylinders［J］. Journal of Wind Engineering & Industrial Aerodynamics，1990，33(1)：53-62.

［67］Norberg C. Fluctuating lift on a circular cylinder: review and new measurements ［J］. Journal of Fluids & Structures，2003，17(1)：57-96.

［68］杜远征. 三维圆柱绕流及涡激振动的数值模拟［D］. 天津:天津大学，2012.

［69］张社荣，李宏璧，王高辉，等. 水下爆炸冲击波数值模拟的网格尺寸确定方法［J］.

振动与冲击，2015，(8)：93-100.

[70] 许维德. 流体力学—修订本[M]. 北京：国防工业出版社，1989.

[71] Zhuang K，Ping L I. Model test investigation on vortex-induced motions of a buoyancy can[J]. Marine Structures，2017，53：86-104.

[72] Wilcox D C. Turbulence modeling for CFD[M]. DCW Industries，2006：363-367.

[73] Menter F R. Two-equation eddy-viscosity turbulence models for engineering applications[J]. Aiaa Journal，1994，32(8)：1598-1605.

[74] 秦华军，高朝邦. 广义 Kronecker-δ 符号在张量计算中的应用[J]. 成都大学学报（自然科学版），2007，26(3)：207-209.

[75] 陈正寿. 柔性管涡激振动的模型实验及数值模拟研究[D]. 青岛：中国海洋大学，2009.

[76] 王福军. 计算流体动力学分析[M]. 北京：清华大学出版社，2004：468-468.

[77] 谢龙汉，赵新宇. ANSYS CFX 流体分析及仿真[M]. 北京：电子工业出版社，2013.

[78] Younis B A，Przulj V P. Computation of turbulent vortex shedding[J]. Computational Mechanics，2006，37(5)：408-425.

[79] 丁源，吴继华. ANSYS CFX 14.0 从入门到精通[M]. 北京：清华大学出版社，2013.

[80] 徐恩彤. 应用加权余量法推导弹性力学变分原理[J]. 应用力学学报，1988，(1)：128-131＋138.

[81] 王福军. 计算流体动力学分析：CFD 软件原理与应用[M]. 北京：清华大学出版社，2004：468-468.

[82] Ierotheou C S，Richards C W，Cross M. Vectorization of the SIMPLE solution procedure for CFD problems—Part II：The impact of using a multigrid method[J]. Applied Mathematical Modelling，1989，13(9)：530-536.

[83] Esdu. Mean forces，pressure and flow field velocities for circular cylindrical structures single cylinder with two-dimensional flow：80025[DB]. UK，London：IHS ESDU International Plc，1986：1-66.

[84] 张文杰，马国印，魏新利. 圆柱绕流的数值模拟与 PIV 测试研究[J]. 河南化工，2007，24(5)：27-29.

[85] 谷家扬，杨建民，肖龙飞. 两种典型立柱截面涡激运动的分析研究[J]. 船舶力学，2014，(10)：1184-1194.

参考文献

［86］林琳，王言英. 不同湍流模型下圆柱涡激振动的计算比较［J］. 船舶力学，2013，(10)：1115-1125.

［87］Yakhot V，Orszag S A，Thangam S，et al. Development of turbulence models for shear flows by a double expansion technique［J］. Physics of Fluids A，1992，4(7)：1510-1520.

［88］曾攀，袁德奎，杨志斌，等. 二维圆柱涡激振动数值模拟中湍流模式适用性的探讨［J］. 海洋科学进展，2018，36(1)：55-66.

［89］潘志远，崔维成，刘应中. 低质量—阻尼因子圆柱体的涡激振动预报模型［J］. 船舶力学，2005，9(5)：115-124.

［90］唐春晓. 基于多光谱成像的数字粒子图像测速技术研究［D］. 天津：天津大学，2010.

［91］Williamson C H K，Jauvtis N. A high-amplitude 2T mode of vortex-induced vibration for a light body in XY ja；math motion［J］. European Journal of Mechanics，2004，23(1)：107-114.

［92］唐巍，陈学允. 混沌理论及其应用研究［J］. 电力系统自动化，2000，24(7)：67-70.

［93］张琪昌. 分岔与混沌理论及应用［M］. 天津：天津大学出版社，2005.

［94］温纪云. 一类非线性偏微分方程的解及其分岔研究［D］. 长沙：湖南大学，2011.

［95］Kang Z，Ni W，Zhang X，et al. Two Improvements on Numerical Simulation of 2-DOF Vortex-Induced Vibration with Low Mass Ratio［J］. China Ocean Engineering，2017，31(6)：764-772.

［96］Yalla S K，Kareem A. Beat phenomenon in combined structure-liquid damper systems［J］. Engineering Structures，2001，23(6)：622-630.

［97］Kang Z，Jia L S. An experimental investigation of one-and two-degree of freedom VIV of cylinders［J］. Acta Mechanica Sinica，2013，29(2)：284-293.

［98］M. 库比切克，M. 马雷克. 分岔理论和耗散结构的计算方法［M］. 北京：科学出版社，1990.

［99］吉孔东. 结构阻尼对桥梁风振的影响及复合阻尼比的计算［D］. 西安：长安大学，2010.

［100］刘卓，刘昉，燕翔，等. 高阻尼比低质量比圆柱涡激振动试验研究［J］. 实验力学，2014，29(6)：737-743.

［101］李黎，孔德怡，龙晓鸿，等. 输电线微风振动的 CFD 数值仿真［C］. 全国结构工程学术会议，2008：235-240.

［102］孙丽萍，张旭，倪问池. 双自由度涡激振动数值模拟方法研究［J］. 振动与冲击，2017，36(23)：22-26.

［103］范杰利. 质量比对细长圆柱体涡激振动影响的数值研究［D］. 青岛：中国海洋大学，2013.